Verlag an der Ruhr

Autoren: Brigitte Bömer, Hartmut Fahrenhorst, Uwe Rist

Zeichnungen: Joanne Moar

Druck: Druckerei Nolte, Iserlohn

Verlag: *Verlag an der Ruhr*

Postfach 10 22 51,
45422 Mülheim an der Ruhr
Alexanderstraße 54,
45472 Mülheim an der Ruhr
Tel.: 0208 / 439 54 50
Fax: 0208 / 439 54 39
E–Mail: info@verlagruhr.de
www.verlagruhr.de

ISBN 3-86072-203-4

Die Schreibweise der Texte folgt der reformierten Rechtschreibung.

Ein weiterer Beitrag zum Umweltschutz:

Das Papier, auf das dieser Titel gedruckt ist, hat ca. ***50% Altpapieranteil,*** *der Rest sind* ***chlorfrei*** *gebleichte Primärfasern.*

LehrerInneninfo

Arbeitsblätter

Tasten und Fühlen

Riechen und Schmecken

Die Sinne bei Tieren

Die Sinne bei Pflanzen

Schall und Hören

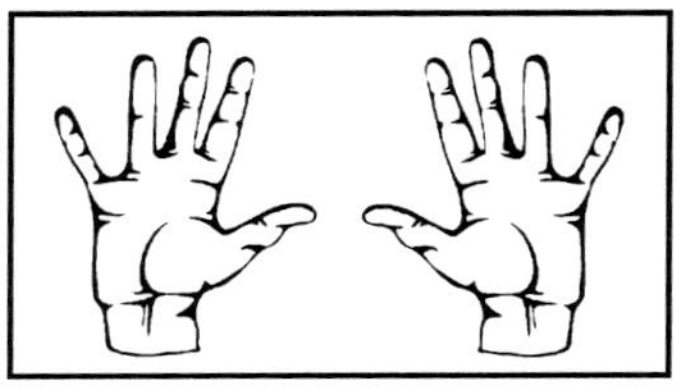

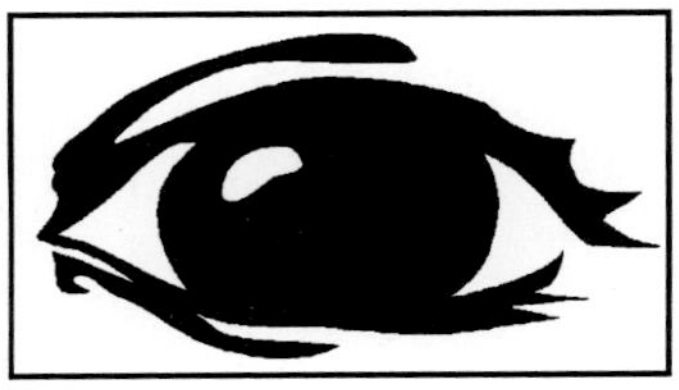
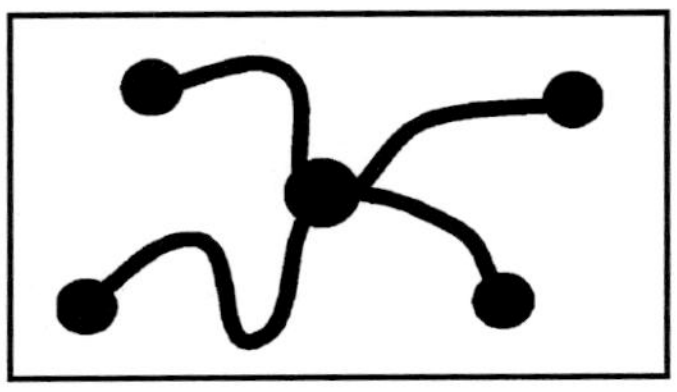

Eine Beschäftigung mit den Sinnen darf nicht abstrakt bleiben: Das konkrete Riechen und Schmecken, das Lauschen, Sehen und Ertasten gehört ins Klassenzimmer. Mit diesem Material für den fächerübergreifenden Unterricht Naturwissenschaften können Sie in den Klassen 5 bis 8 Lehrplanstoff – und mehr – sinnreich vermitteln: Da kann mit der Haut gelesen, mit der Nase geschmeckt und mit den Füßen ertastet werden.

Ein Durcharbeiten dieser Mappe von der ersten bis zur letzten Seite macht dabei wenig Sinn. Stürzen Sie sich mit ihren Schülerinnen und Schülern in die Welt der Sinne, nehmen Sie Anregungen auf, vertiefen Sie gezielt, lassen Sie andere Versuche links liegen – so entwickelt sich ein Unterricht, der die sinnlichen Erfahrungen und die Kreativität aller Beteiligten einbezieht. Die fächerübergreifende Ausrichtung lässt dabei auch Raum für Phänomene, die sonst durch starre Physik-, Chemie- oder Biologie-Raster fallen.

Die Mappe ist übersichtlich strukturiert: Das LehrerInneninfo (Seite 6–28) enthält neben Erläuterungen zu den Blättern für die SchülerInnen auch Anregungen, die für sich selbst stehen. Es schließt ab mit den Seiten „Die Sinne in Zahlen". Auf den Arbeitsblättern (Seite 29–79), die als Kopiervorlagen angelegt sind, finden sich vor allem Spiele und Versuche, die zu zweit oder in Gruppen durchgeführt werden können; aber auch Schaubilder, Infos, Comics, Bau- und Bastelanleitungen.

Wir wünschen sinnigen Spaß!

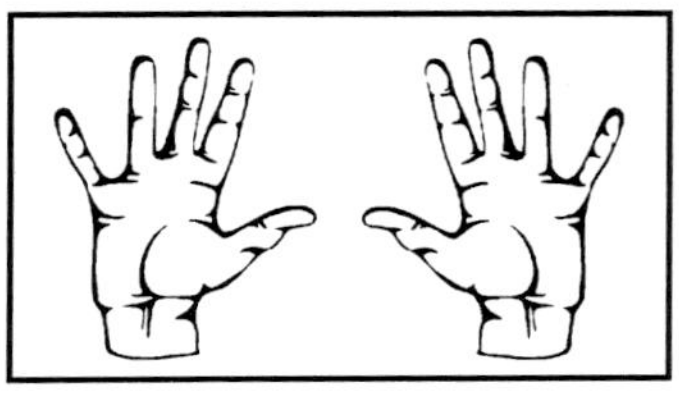

Der Krabbelsack

Seite 29

Vorbereitung:

Ein Gruppenspiel zum Einstieg: Ein Sack, z.B. ein alter Kissenbezug, wird mit maximal zehn verschiedenen Gegenständen gefüllt. (Vorschläge: alter tickender Wecker, durchgeschnittene Zwiebel, ein Stück Schaffell, eine Playmobilfigur, eine Kugel in einem Filmröhrchen, ein Knochen, ein Tintenfischschulp usw.) Die Schülergruppen dürfen den Inhalt vorher weder gesehen noch berührt haben. Das Spiel kann entweder in mehreren Schülergruppen gleichzeitig oder mit einigen SchülerInnen vor der Klasse gespielt werden. Wichtig ist eine vorherige Rollenverteilung (Testpersonen, SchreiberInnen, SpielleiterInnen, BeobachterInnen).

Auswertung:

Die SchülerInnen erfahren verschiedene Sinneswahrnehmungen:
hören – riechen – tasten – sehen.
Sie erkennen die Unterschiede zwischen Sinnen, die den Nahbereich, und solchen, die den Fernbereich erfassen. Gleichzeitig erkennen sie, dass oft nur durch die Kombination bestimmter Sinne ein befriedigendes Erschließen der Umwelt möglich ist.

- **Zu Spielrunde 1:** Unser Geruchs– und unser Hörsinn allein lassen uns nur wenige Möglichkeiten, die Umwelt zu erschließen. (Es sei denn, Sie füllen viele stark riechende oder selbstklingende Gegenstände in den Krabbelsack.)
- **Zu Spielrunde 2 und 3:** Unser Tastsinn hilft uns, Gegenstände deutlicher und differenzierter wahrzunehmen.
- **Zu Spielrunde 4:** Das direkte Betasten eröffnet dem Menschen sehr gute Möglichkeiten der Wahrnehmung im Nahbereich.
- **Zu Spielrunde 5:** Erst durch das Sehen können wir unsere gesamte Umwelt genau erkennen.

Wie viel Geld ist das?

Seite 30

Durchführung:

Bei diesem Gruppenspiel erfahren die SchülerInnen den feinen Tastsinn der Hände. Fast jeder bekannte Gegenstand kann auf diese Weise wahrgenommen werden.
Bei diesem Spiel können statt der Münzen auch kleine Gegenstände genommen werden. Wichtig ist, dass die Gegenstände den SchülerInnen bekannt sind.

Auswertung:

Dieses Spiel kann als einführendes Spiel in die genauere Untersuchung des Tastsinnes verwendet werden. Die anschließend genannten Spiele bauen hierauf auf.

Wer bist du?

Seite 30

Durchführung:

Dieses Gruppenspiel fördert und fordert zugleich das Vertrauen innerhalb der Gruppe. Nicht jede/r SchülerIn akzeptiert es, von den anderen angefasst zu werden. Hier muss unbedingt problematisiert werden, welche Berührungen akzeptiert werden, welche nicht, von wem und von wem nicht.
Aussteigen ist bei diesem Spiel ausdrücklich erlaubt.

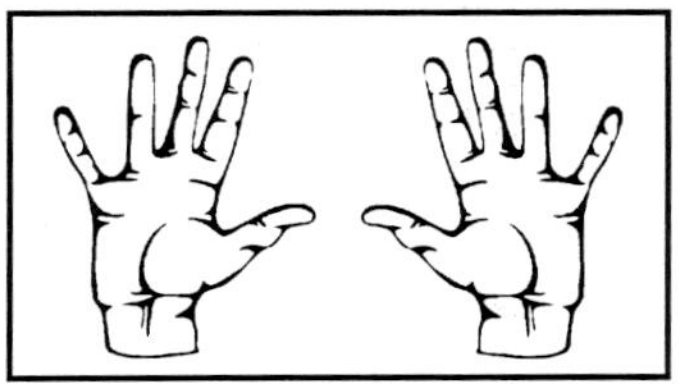

Auswertung:

Es ist erstaunlich, wie erfolgreich manche Menschen beim Ertasten der Gesichter sind.
Im anschließenden Gespräch lassen sich verschiedene Fragen erörtern:

a) Woran habt ihr die- oder denjenige/n erkannt? (Markante Merkmale.)

b) Wie vollzieht sich das Erkennen, wenn man „blind" ist? (Nach zahlreichen Testversuchen entsteht ein inneres Bild der möglichen Person. Einzelne ertastete Merkmale werden mit dem optischen „inneren" Bild in Beziehung gesetzt und verglichen. Gegebenenfalls entsteht ein neues optisches Bild einer neuen Person und der Vorgang wiederholt sich.)

c) Wie sieht das „innere" Bild eines wirklich blinden Menschen aus?

d) Was empfindet man, wenn man von dem „Blinden" berührt wird?

Ich kann mit der Haut lesen!

Seite 31

Durchführung:

Dieses Partnerspiel soll die Sensibilität und die Konzentrationsfähigkeit der SchülerInnen fördern. Die *Erweiterung c)* bietet sich als Überleitung zu den Tastexperimenten an.

Erweiterungen:

Stille Tast-Post
In Anlehnung an das akustische Spiel „Stille Post" setzen oder stellen sich die Kinder einer Tischgruppe hintereinander in eine Reihe. Das hinterste Kind zeichnet dem Vordermann/der Vorderfrau ein vorher ausgesuchtes, aber den anderen Gruppenmitgliedern unbekanntes Bild auf den Rücken. Das gefühlte Bild wird in der Gruppe weitergegeben, das letzte Kind zeichnet das angekommene Bild an die Tafel.

Wie sensibel sind Jungen und Mädchen?
Spiel wie oben mit geschlechtsgleichen Gruppen.

Was kann ich mit meinem Hintern fühlen?
Dieses Spiel erfreut sich bei SchülerInnen großer Beliebtheit. Dabei werden Gegenstände auf einen Stuhl gelegt und mit dem Hinterteil ertastet!

Auswertung:

Bei der Auswertung dieser Spiele wird deutlich, wie sehr der Erfolg von der Konzentration auf das Gefühlte abhängig ist. Je stärker die anderen Sinne ausgeblendet werden, desto besser gelingt diese Konzentration. Den SchülerInnen wird deutlich, dass nicht nur die immer zum Tasten genutzten Hände eine hohe Sensibilität besitzen.

Die Tastborste

Seite 32

Vorbereitung:

Ausgehend von dem Spiel „Ich kann mit der Haut lesen!" wird die Haut genauer und feiner untersucht. Je feiner und spitzer der Tastgegenstand ist, desto genauer lässt sich die Haut untersuchen. Dabei besteht bei spitzen, starren Gegenständen die Möglichkeit der Verletzung. Die SchülerInnen entwickeln Vorschläge für ein geeignetes, sicheres Untersuchungsinstrument (Kugelschreiber, Stricknadel, Stecknadel).

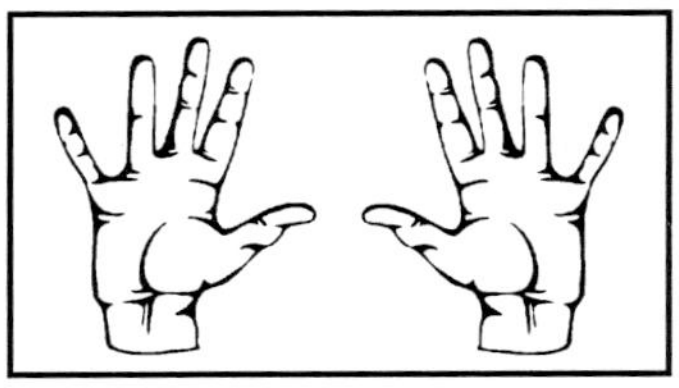

Diese werden auf dem Tageslichtprojektor geprüft und durchweg als zu dick und stumpf erkannt. Bestes Instrument ist sicher ein Haar. Nennen die SchülerInnen dies nicht von sich aus, so sollten Sie einen entsprechenden Impuls geben. Ein Haar ist dünn, spitz und schließt die Verletzungsgefahr durch seine Biegsamkeit aus.
Die Druckstärke der fertigen Tastborsten können die SchülerInnen gegebenenfalls an einer digitalen Analysenwaage bestimmen.

Dem Tastsinn auf der Spur (1)

Seite 33

Durchführung:

→ Häufig entdecken die SchülerInnen, dass Berührungen von Körperhaaren immer zu einem Berührungsreiz führen. Die Hebelwirkung der Körperhaare verstärkt den Reiz und ermöglicht eine indirekte Reizaufnahme (Tasthaare bei Katzen).

Auswertung:

→ Falls unter *5. Was stimmt?* viele SchülerInnen die Aussagen „Gefühllose Stellen gibt es nicht", „Ich habe nichts gefunden" oder „Ich habe immer etwas gespürt" ankreuzen, sollte der Versuch mit neuen Tastborsten wiederholt werden.

Dem Tastsinn auf der Spur (2)

Seite 34

→ Bevor dieses Blatt ausgeteilt wird, können sich die SchülerInnen auch selbst Gedanken machen, wie man dem Zusammenhang zwischen Tastpunkten und der Empfindlichkeit bestimmter Hautstellen weiter auf die Spur kommt. Einige Anregungen dieses Blattes kann die Lerngruppe so ggf. vorwegnehmen.

Auswertung:

→ Der Versuch wird zeigen, dass die Haut am Finger – dem eigentlichen Tastorgan – mit ca. 19 Tastpunkten wesentlich empfindlicher ist als z.B. an der Stirn (ca. 5–6 Tastpunkte) oder am Unterarm (ca. 11 Tastpunkte).

Erweiterungen:

→ **Bestimmung der simultanen Raumschwelle**
Abstandsmessung von Tastpunkten mit Hilfe eines Stechzirkels. Es werden die Tastpunkte ermittelt, die gerade noch vom Tastsinn als zwei unterschiedliche Reize wahrgenommen werden. (vgl. Schulbücher)

→ **Feststellen der Lateralität/Wahrnehmung der Körperseite (Partnerversuch)**
Material: Tücher zum Verbinden der Augen; Tastborsten, Federn oder Ähnliches. Der Testperson werden die Augen verbunden. Anschließend legt sie beide Hände nebeneinander auf die Tischplatte, ohne dass sie sich berühren. Der Tester/die Testerin berührt nun ganz vorsichtig mit einem Gegenstand (Tastborste, Feder) den Handrücken einer Hand der Testperson und lässt sich sagen, welche Hand berührt wurde.

Weitere Fragen:

→ **Wie schafft es die Mücke, unseren Handdrucksinn zu überlisten und ohne einen Reiz auszulösen auf unserer Hand zu landen?**
(Mücke fangen und auf der Analysenwaage wiegen!)

Erklärung:
Das Gewicht der Mücke liegt über der gefundenen Druckschwelle. Da das Gewicht aber auf sechs Beine verteilt wird, liegt der Druck pro Bein unterhalb der gefundenen Reizschwelle.

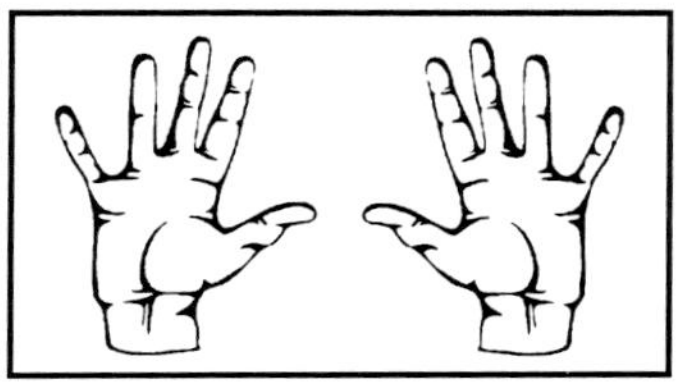

→ Warum spürt ihr eure Kleidung nicht, obwohl sie viel schwerer als die gefundene Druckschwelle ist?

Erklärung:
Die Haut arbeitet nicht wie ein Druckmessgerät, sondern registriert Druckunterschiede. Bei Bewegungen fühlen wir unsere Kleidung. Drückende Schuhe werden oft erst beim Ausziehen vom Körper registriert, zu enge Kleidung erst beim Kleiderwechsel.

Blindenspaziergang

Seite 35

Durchführung:

→ Dieses Partnerspiel setzt großes gegenseitiges Vertrauen voraus, das bei der Partnerwahl berücksichtigt werden sollte. Durch das Führen um Hindernisse oder das Führen mit Musik können Schwierigkeitsgrad und Umfeld verändert werden.

Auswertung:

→ Welche Variante hat gut, welche weniger gut funktioniert? Weshalb? War es angenehmer zu führen oder geführt zu werden? Wie fühlen sich wohl blinde Menschen? Besonders die letzte Variante, bei der nur über die Handwärme Kontakt gehalten wird, gibt Anlass zu weiterführenden Gesprächen und Erfahrungsberichten: Ist es möglich, mit geschlossenen Augen die Anwesenheit einer Person zu spüren, die sich völlig ruhig verhält? Wirken hier „übersinnliche Kräfte"?

Füße sind nicht nur zum Gehen da!

Seite 36

Durchführung:

→ Dieser Gruppenversuch kann den Themenkreis „Tastpunkte" eröffen, vertiefen oder abschließen. Vor dem Versuch sollte sichergestellt werden, dass genug Materialien im Umkreis der Schule erreichbar sind. Falls nicht, kann den SchülerInnen auch am Vortag der Auftrag gegeben werden, brauchbare Materialien (Sand, Blätter, Reisig, kleine Steine, u.a.) mitzubringen. Wichtig ist immer die Geheimhaltung vor den anderen Gruppen. Vor Spielbeginn sollten deshalb die Materialien mit Papier abgedeckt werden.

Auswertung:

→ Hat euch die Sensibilität eurer Füße überrascht? Welche Materialien waren leicht, welche weniger leicht zu erfühlen? Haben dabei auch andere – z.B. akustische – Faktoren eine Rolle gespielt?

Der geheimnisvolle Kasten

Seite 37

Durchführung:

→ Ein weiterer Gruppenversuch zum Themenkreis „Tastpunkte". Es sollte darauf geachtet werden, dass keine Gegenstände verwendet werden, die Ekel hervorrufen. Blackbox-Spiele eignen sich sehr gut für Schulfeste.

Auswertung:

→ Die Erfahrungen dieses Versuches können mit anderen Tasterlebnissen (z.B. mit dem Fußfühlpfad) in Verbindung gebracht werden. Welcher Versuch war „erfolgreicher", welcher hat mehr Befremden ausgelöst? Wie hängt das mit unseren alltäglichen Tasterfahrungen zusammen?

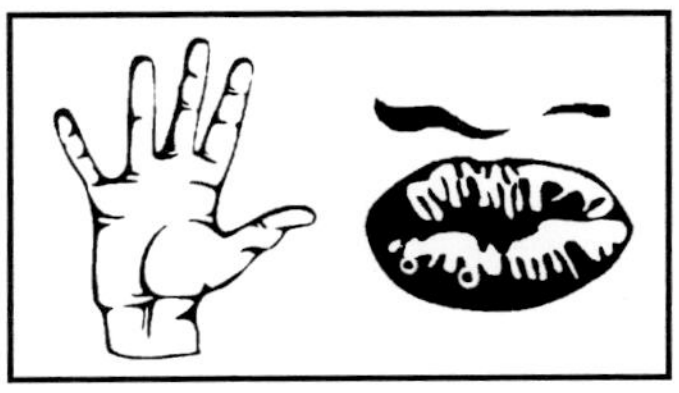

Warm und kalt – wie fühl ich das?

Seite 38

Durchführung:

→ Es ist zu empfehlen, den Versuch innerhalb der Arbeitsgruppen bei einigen Gruppenmitgliedern durchzuführen, damit verschiedene Werte verglichen werden können. Die SchülerInnen sollten mindestens drei verschiedene Hautstellen untersuchen (Fingerkuppe, Handfläche, Handrücken, Unterarm, Oberarm, Hals, Wange und eventuell Ohr oder Nasenspitze). Die Ergebnisse können auf einer Folie festgehalten und von den einzelnen Gruppen vorgestellt werden.

Mein Wärmesinn spielt verrückt!

Seite 38

Durchführung:

→ Bei diesem Versuch ist vor allem darauf zu achten, dass die Hände lange genug in den Ausgangsschalen verbleiben.
Die Ergebnisse müssen nicht unbedingt schriftlich niedergelegt werden.

Weitere Fragen:

→ Welche alltäglichen Situationen fallen dir ein, in denen dein Wärme- oder Kältesinn verrückt gespielt hat?

Der Aufbau der Nase

Schülererarbeitung

→ Die SchülerInnen können anhand von Literatur (Schulbücher in der Klasse und Fachbücher in der Bibliothek) den Grundaufbau der Nase über Grafiken, Bilder und Texte kennen lernen. Großflächige Abbildungen mit einer genauen Beschriftung können auf Tapeten selbst hergestellt und in einer Klassenausstellung ausgehängt werden. Wichtig ist der Vergleich mit dem Nasenaufbau anderer Säugetiere, damit schon der anatomische Aufbau die Unterschiede in der Leistungsfähigkeit verschiedener Nasen verständlich macht. Hier sollten auch die Riechorgane anderer Tiergruppen (z.B. die Fühler der Insekten) vorgestellt werden, die eine enorme Leistungsfähigkeit haben: Ein Duftteilchen kann über mehrere Kilometer Entfernung von ihnen wahrgenommen werden.

→ Chemische Sinneswahrnehmungen finden sich an vielen Stellen im Tierreich, in der Beziehung zwischen Tieren und Pflanzen sowie im Pflanzenreich. Kleine Referate der SchülerInnen können an dieser Stelle viele zusätzliche Informationen einbringen und das Erstellen von eigenen Arbeiten fördern. Hier sollten unbedingt Regeln über den Aufbau eines Referates mit den KollegInnen des Faches Deutsch abgesprochen werden. Vielleicht ist hier eine kooperative Arbeit zwischen dem Fach Deutsch und den Naturwissenschaften möglich!
Der Einsatz von Modellen, Folien und Arbeitsblättern ist hier ebenfalls denkbar, rückt aber die Schüleraktivitäten in den Hintergrund.

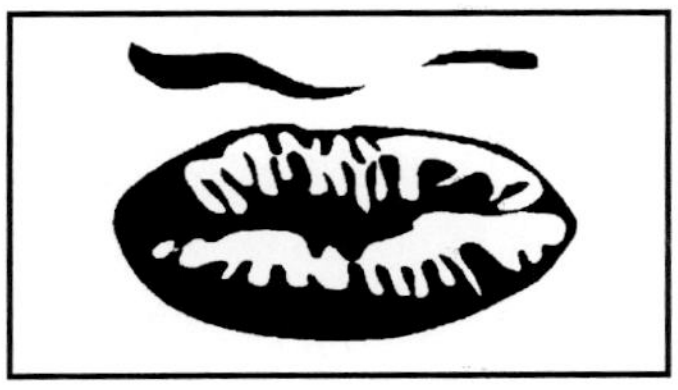

Schnüff, schnüff – was riecht denn da?

Seite 41

Durchführung:

Wenn die SchülerInnen dazu aufgefordert werden, selbst Substanzen mitzubringen, sollten Sie auf den Vorteil wohl riechender Stoffe hinweisen, da diese den Geruchssinn sensibilisieren.

Auswertung:

Im anschließenden Gespräch lassen sich verschiedene Fragen anreißen, die in den folgenden Versuchen aufgegriffen werden können:

- Inwieweit benutzen wir den Geruchssinn zur Orientierung?
- Wie kommt eigentlich der Pfefferminzgeruch in unsere Nase?
- Was ist der Geruch eines Stoffes? Sind es Teilchen?
- Welche Eigenschaften haben diese Teilchen? Können sie sich fortbewegen?

Ahh – das duftet!

Seite 42

Auswertung:

Einen Überblick über die Wirkung unterschiedlicher ätherischer Öle gibt die folgende Tabelle:

Wirkung	Ätherische Öle
schmerzstillend:	Bergamotte, Kamille, Lavendel, Majoran, Rosmarin
infektionshemmend:	Knoblauch
stimmungsaufhellend:	Bergamotte, Geranie, Jasmin, Kamille, Lavendel, Melisse, Muskatellersalbei, Neroli, Orange, Rose, Sandelholz
fiebersenkend:	Bergamotte, Kamille, Eukalyptus, Melisse, Pfefferminze
entzündungshemmend:	Bergamotte, Kamille, Lavendel, Myrrhe, Ringelblume
antiseptisch:	Bergamotte, Eukalyptus, Lavendel, Rosmarin, Sandelholz, Ti-Baum, Wacholder
entgiftend:	Fenchel, Knoblauch, Rose, Wacholder
virushemmend:	Knoblauch, Lavendel, Ti-Baum
bakterienvernichtend:	Bergamotte, Eukalyptus, Kajeput, Knoblauch, Lavendel, Neroli, Rosmarin, Ti-Baum, Wacholder
schleimlösend:	Bergamotte, Eukalyptus, Majoran, Myrrhe, Sandelholz
hustenlindernd:	Lavendel, Sandelholz, Thymian
schlaffördernd:	Kamille, Lavendel, Majoran, Neroli, Ylang-Ylang
immunisierend:	Knoblauch, Lavendel, Ti-Baum
erhöhte geistige Aktivität:	Basilikum, Rosmarin
nervenstärkend:	Kamille, Lavendel, Majoran, Melisse, Rosmarin
beruhigend:	Bergamotte, Lavendel, Majoran, Melisse, Muskatellersalbei, Neroli, Rose, Sandelholz, Weihrauch, Wacholder
stimulierend:	Eukalyptus, Geranie, Pfefferminze, Rosmarin

Wie kommen die Duftstoffe über diese Entfernung in unsere Nase? Diese wichtige Frage muss mit den SchülerInnen erörtert werden: Die Duftteilchen werden durch die Wärme des Stövchens aus den Öltropfen „herausgeschleudert" und zwischen die Luftteilchen „gedrängt". Durch die ständige Bewegung der Teilchen werden sie nun im Raum verteilt (Diffusion). Sinnvoll ist es, hierzu Comics von den SchülerInnen malen zu lassen. Das folgende Blatt gibt Anregungen.

Wie kommt der Duft zu mir?

Seite 43

Durchführung:

Als Anregung können sich die SchülerInnen Gedanken machen, was Duft – und Gestank – bewirken können oder schon einmal bei ihnen bewirkt haben. Denkbare Titel für Geschichten oder Comics wären dann „Oskar, der Stimmungsmacher" (bzw. „Stimmungstöter") oder „Richard Richie als Lebensretter" (Fiebersenkung, Riechsalz).

Wir haben die Nase voll!

Seite 44

Auswertung:

Anhand des Textes können Besonderheiten des Riechens erarbeitet werden. Besondere Aufmerksamkeit findet hier die so genannte „geistige Nase", die unsere Lebenseindrücke stark beeinflusst. Hier bietet sich die Möglichkeit Erfahrungsberichte der SchülerInnen einzubeziehen.

Schmecken – mit der Nase?

Seite 45

Auswertung:

In der Regel können die Versuchspersonen nicht viel erkennen, denn in den meisten Fällen schmecken Auge und Nase mit. Genauer können die Anteile des Geruchs- und Gesichtssinns herausgefiltert werden, wenn die Taucherbrille in einer zweiten Versuchsrunde durch eine beklebte Sonnenbrille oder eine Augenbinde ersetzt wird und erst in einer letzten Runde alle Sinne zur Verfügung stehen.

Auf den Geschmack gekommen

Seite 46

Durchführung:

Die Informationen über die vier Geschmacksbereiche der Zunge können sinnvollerweise mit entsprechenden Lebensmitteln in der Klasse überprüft werden.

Der Regenwurm

Seite 47–48

Warum Regenwürmer?

⇥ Regenwürmer entsprechen so wenig dem Schema, das die meisten SchülerInnen von Tieren haben, dass diese „nützlichsten Tiere der Erde" (Darwin) ihnen leicht interessant gemacht werden können. Regenwürmer sind in ihren Bewegungen langsam, sie reagieren vorhersehbar, sie sind leicht zu halten, wenn man die ihnen zusagenden Bedingungen schafft; eine Reaktion auf falsche Behandlung erfolgt sichtbar.

Allgemeines:

⇥ Regenwürmer leben in der Erde. Wenn bei starkem Regen ihre Röhren mit Wasser gefüllt sind, müssen sie an die Luft um nicht zu ersticken; daher der Name! Vor dem Tageslicht müssen sie schnell wieder Schutz suchen, damit sie nicht vertrocknen oder durch Sonnenstrahlung sterben.
Regenwürmer können zehn Jahre alt werden. So alte Tiere sind bis zu 30 cm lang. Sie haben weder ein Knochenskelett noch ein schützendes, hartes Außenskelett. Zart, dünn und feucht ist die Außenhaut des Regenwurms.
Regenwürmer sind Wenigborster, sie tragen an jedem Segment (Ring) vier Paar kurze, bewegliche Borsten, die in Hauttaschen liegen und mit bloßem Auge nicht sichtbar sind. Sie lassen sich deutlich fühlen, wenn man einen Regenwurm mit dem Hinterende voran langsam zwischen Daumen und Zeigefinger hindurchzieht. Das Tier spreizt dann seine Borsten aus, um dem nach hinten gerichteten Zug entgegenzuwirken. Wenn der Regenwurm über ein Blatt Papier kriecht, hört man das leise Rascheln der Borsten. Mit einer Lupe kann man sie auch sehen. Der Regenwurm bewegt sich vorwärts, indem er seinen langen Körper abwechselnd streckt (lang und dünn) und wieder zusammenzieht (kurz und dick). Je nach Stellung der Borsten kann er vorwärts oder rückwärts kriechen. Das Vorderende mit der Mundöffnung und einer Art Oberlippe ist spitzer als das Hinterende mit der Afteröffnung, das abgeflacht und breiter ist. Der Regenwurm hat keine Augen, Ohren und Nase. Er kann aber hell und dunkel unterscheiden, nimmt Erschütterungen sowie Geruchs– und Geschmacksqualitäten wahr.

Fortpflanzung:

⇥ Der Regenwurm ist ein Zwitter, dessen Fortpflanzungsverhalten selten zu beobachten ist. Der deutlich erkennbare Gürtel, eine drüsige Verdickung der Haut, dient der Fortpflanzung. Hier wird ein Kokon (Hülle) für die Eier und die jungen Regenwürmer gebildet. Wenn es warm genug ist, schlüpfen die jungen Regenwürmer schon nach drei bis vier Wochen. Man kann Regenwürmer nicht dadurch vermehren, dass man sie mit dem Spaten teilt. Meist ist nur der vordere Teil des Wurms in der Lage, einige hintere Segmente zu ergänzen (Regeneration), damit er weiterleben kann. Ein Kopf kann nur regeneriert werden, wenn höchstens 16 Segmente abgetrennt werden; sind es mehr, dann stirbt der Hinterkörper ab.

Feinde und Lebensraum:

⇥ Maulwürfe, Spitzmäuse, Igel, Amseln und Stare verfolgen und fangen Regenwürmer mit Ausdauer und Erfolg. Gegen diese natürlichen Gefahren haben sich die Regenwürmer (es gibt bei uns zehn verschiedene Arten) durchsetzen können. Sie leben in erstaunlicher Vielzahl unter der Erde, heute unter Wiesen zahlreicher als in Acker- und Gartenböden. Wenn wir davon ausgehen, dass durchschnittlich in einem Liter Boden zwei Regenwürmer leben, dann wühlen in einem ha Weideboden mindestens 250 000 Regenwürmer.
Wenn im Sommer die oberen Schichten des Bodens zu warm werden, weicht der Regenwurm in die Tiefe aus; im tiefen, lockeren Boden können die Erdgänge etwa 2 m tief gehen. In dichten Knäueln hintereinander verschlungen überwintern die Tiere in frostsicherer Tiefe.

Nutzen:

Die Leistung der Regenwürmer ist erstaunlich und wirkt sich für die Gesundheit des Bodens segensreich aus. Sie lockern, durchlüften, bewässern und durchmischen den Boden fortwährend und versorgen ihn mit Pflanzenteilen, die sie in ihre Löcher einziehen und zusammen mit Bodenteilen fressen, verdauen und wieder ausscheiden.
Diese Regenwurmhäufchen haben die von Gärtnern und Landwirten gewünschte Krümelstruktur. In einem Jahr können die Regenwürmer eines ha 54 000 kg fruchtbaren Boden erzeugen, indem sie ihn durch ihren Darm wandern lassen.

Bau eines Regenwurmkastens

Material:

Rahmen: 2 Holzleisten 30 x 5 x 2,5 cm, 1 Holzleiste 25 x 5 x 2,5 cm (in diese Leisten werden Führungsrillen für die Glasscheiben eingefräst; Breite: 3 mm; der Abstand der Rillen voneinander soll 2,5 cm betragen)
Füße: 2 Holzleisten 20 x 3 x 2 cm
Beschriftungstafel: 1 Hartholzplatte 25 x 5 x 0,5 cm
2 Glasscheiben: 2,5 mm dick, 30 x 20 cm

Zusammenbau:

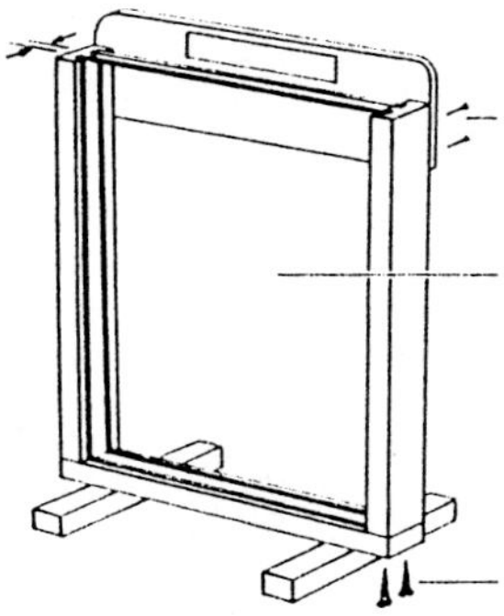

Der Bau des Wurmkastens kann sehr gut in Verbindung mit dem Technik–Unterricht geschehen. Falls vorgefertigte Teile verwendet werden, kann der Kasten auch im NW–Unterricht zusammengebaut werden. Diese Arbeit kann eventuell auch als Aufgabe für zu Hause (Elternhilfe) gestellt werden.

Einrichten des Regenwurmkastens

Material:

Wurmkasten, feuchte Gartenerde, Sand, Kreidepulver, verwesende Blätter, geriebener Apfel, Schokolade, Sellerie, Kiefernnadeln, tote Fliegen, mehrere Regenwürmer, schwarzer Pappkarton zum Abdecken der Glasscheiben

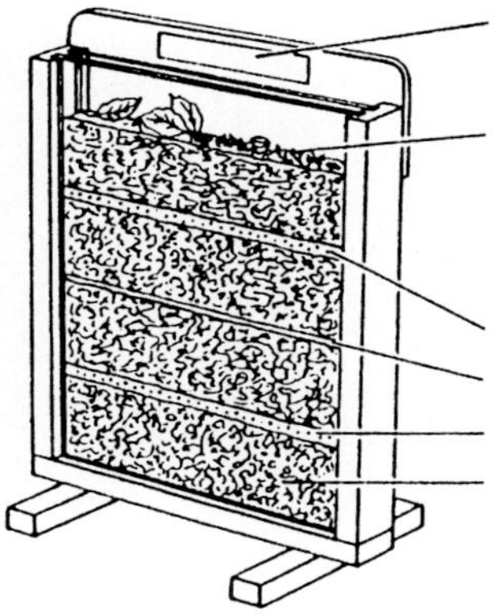

Über die Haltung der Regenwürmer im Wurmkasten sollte ein genaues Beobachtungsprotokoll geführt werden. Darin sollten der Beginn der Beobachtung, die Anzahl der eingesetzten Würmer sowie alle Veränderungen mit Datum protokolliert werden. Am Ende sollte wiederum die Anzahl der Würmer festgestellt werden. Die Versorgung der Tiere mit Nahrung und Wasser sollte regelmäßig erfolgen.

Die Bänderschnecke

Seite 49–50

Warum Bänderschnecken?

Schnecken lösen bei SchülerInnen oft ein Ekelgefühl aus, da es sich um schleimige Tiere handelt, die man nicht anfassen will. Die Bänderschnecken wirken diesem Vorurteil stark entgegen, da es sehr schöne Tiere sind, die zusätzlich noch mit einem „Griff" ausgestattet sind.
Die Erfahrung zeigt, dass die SchülerInnen nach kurzer Zeit einen positiven Zugang zu diesen Tieren finden, sie sehr genau und interessiert betrachten, sie anfassen, ihnen Namen geben und die Versuche behutsam durchführen. Eine sonst unter die Gruppe der Schädlinge eingeordnete Tiergruppe wird so mit vielen positiven Erinnerungen belegt.

Zwei Arten:

Die bei uns lebenden Bänderschneckenarten, die Garten-Bänderschnecke und die Hain-Bänderschnecke, gehören zur Familie der Schnirkelschnecken (Helicidae). Zu dieser Familie gehören ebenfalls die bei uns vorkommenden Weinbergschnecken.
Die **Garten-Bänderschnecke** ist in ganz Mittel- und Westeuropa verbreitet. Sie hält sich bevorzugt an feuchten Stellen heller Wälder, in Gärten, am Fuß von Felsen u.Ä. auf. Die Färbung der Schale ist recht variabel. Manche Tiere sind einfarbig gelblich bis rötlich gefärbt, andere weisen zusätzlich fünf dunkle Streifen auf; der Schalenrand ist weiß. Sie werden 15–22 mm breit und 15–16 mm hoch.
Die **Hain–Bänderschnecke** ist in Mittel- und Westeuropa sowie an der baltischen Küste verbreitet. Sie lebt bevorzugt in schütteren Wäldern, in Gärten, aber auch in der Nähe menschlicher Wohnungen. Die Grundfarbe der Schalen variiert zwischen gelb und rot mit vielen Abstufungen, die Streifen sind meist satt dunkelbraun, es kommen aber auch ungestreifte Tiere vor. Der Schalenrand ist grundsätzlich schwarz. Sie werden 17–26 mm breit und 15–20 mm hoch.

Lebensgewohnheiten:

Tagsüber ziehen sich die Schnecken in der Regel in ihr Gehäuse zurück und verbergen sich an feuchten, dunklen Orten in Mauerlücken oder unter totem Pflanzenmaterial. Nachts kommen sie aus ihrem Versteck, um auf Nahrungssuche zu gehen. Im Sommer kann man sie tagsüber aber an vielen Orten entdecken, weil sie bei Sonnenaufgang dort verharren, wo sie sich gerade befinden.
Die Schnecken Mitteleuropas begegnen der Winterkälte durch Winterstarre. In langen, trockenheißen Sommerperioden fallen sie in der Regel in einen „Sommerschlaf", in einen Zustand der Bewegungslosigkeit. In beiden Fällen zieht sich die Schnecke in das feuchte Milieu ihres Gehäuses zurück. Bei ungünstigen Außenbedingungen „versiegelt" sie sich: Sie sondert eine oder mehrere Schleimschichten ab, die am Gehäuseeingang aushärten und einen schützenden Verschluss bilden.

Ernährung:

Die meisten Gehäuseschnecken ernähren sich von Pflanzenteilen, bevorzugen in der Gefangenschaft Brennnesseln und Löwenzahnblätter. Die Schnecken haben einen starken „Heiminstinkt", der sie nach jedem Ausflug wieder an einen Ort zurückbringt.

Fortpflanzung:

➔ Alle Schnecken sind Hermaphroditen, das heißt, sie sind gleichzeitig männlich und weiblich. Das bedeutet zwar, dass alle Tiere Samen geben und empfangen können und dass alle Tiere Eier legen können, aber sie müssen sich mit einer anderen Schnecke paaren, um sich fortpflanzen zu können. Die Paarung findet in warmfeuchten Sommernächten statt. Beide Tiere richten sich auf, drücken ihre Unterseiten gegeneinander und streicheln sich gegenseitig sanft mit ihren Fühlern das Gesicht. Schließlich durchbohren sie einander mit einem kalkhaltigen „Liebespfeil", der bewirkt, dass der Samen freigegeben wird. Später legen die Schnecken ihre Eier im Boden ab. Jede Schnecke kann mehrere Gelege absetzen. Die winzigen, gerade ausgeschlüpften Jungschnecken haben zarte, durchsichtige Gehäuse, die in diesem Entwicklungsstadium nur zwei Drehungen haben. Mit dem Wachstum der Schnecke wird ihr Gehäuse größer, nach und nach weitet sich die Spirale und die Zahl der Drehungen nimmt zu.

Die Mimose oder Sinnpflanze

Seite 51–52

Herkunft und Pflege:

➔ Die Mimose gehört zu den Leguminosen. Sie ist ein Halbstrauch von ca. 40 cm Höhe. Ihr Herkunftsgebiet ist der tropische Regenwald Brasiliens. Sie gedeiht am besten in einem lockeren Gemisch aus Lauberde, Kompost und Sand. Sie lässt sich direkt aus Samen ziehen, die man in Samenhandlungen beziehen kann. Für die Keimung wird eine recht hohe Temperatur um 20 °C benötigt, die Luftfeuchtigkeit sollte dabei sehr hoch sein. Dies kann man durch das Überspannen mit einer Folie oder durch das Überstellen von Einmachgläsern erreichen. Direkte Sonnenstrahlung sollte vermieden werden. Im Winter sterben die Pflanzen meist an Lichtmangel, bei guter Pflege können sie aber mehrere Jahre alt werden.

Reaktionen der Mimose:

➔ Auf Reize reagiert die Mimose, indem sie erst ihre Fiederblättchen zusammenlegt und danach das ganze Blatt absenkt. Je nach Stärke des Reizes reagieren Teile der Pflanze oder die gesamte Pflanze; dies erfolgt dann schrittweise. Nachts nimmt die gesamte Pflanze eine Schlafstellung ein, indem sie die Fiederblättchen zusammenlegt und die Blätter herunterklappt. Die hier beobachtete Bewegung könnte als Schutzmechanismus gedeutet werden, eine eindeutige Erklärung ist aber nicht möglich.

Versuche mit der Sinnpflanze

Seite 51–52

Durchführung:

➔ Bei den Versuchen sollte darauf geachtet werden, dass mit den schwachen Reizen – mit dem Versuch, bei nur einem einzigen Fiederblättchen eine Reaktion auszulösen – begonnen wird und dann erst eine Steigerung erfolgt. Einige „ausgeruhte" Mimosen sollten in Bereitschaft gehalten werden.
Nach der Berührung mit den Tastborsten und vor dem starken Temperaturreiz kann auch ein mechanischer Reiz ausgelöst werden, indem die SchülerInnen einen kräftigen Windzug auf die Pflanze blasen.

Geräuschespiel

Einstieg

Durchführung:

→ Das Vorspielen einer Geräuschekassette kann ein sinnvoller Einstieg in den Abschnitt „Schall und Hören" sein. Über das Erraten der verschiedenen Geräusche, Töne und Musiken werden die akustischen Wahrnehmungsfähigkeiten unseres Gehörs genauer erörtert, die Begriffe Geräusch, Lärm, Ton, Musik, Krach, Schall usw. werden beschrieben und unterschieden. Mögliche Fragestellungen werden gemeinsam erarbeitet.

Der Geräuschesack

Seite 53

Durchführung:

→ Den SchülerInnen werden verschiedene Materialien zur Verfügung gestellt, um den Zusammenhang zwischen Tönen und Schwingungen zu erarbeiten. Der Inhalt des Geräuschesacks und damit auch die einzelnen Versuche sind ausbaufähig. Lassen Sie die SchülerInnen auch eigenständig experimentieren!
Neben einfacheren Gegenständen wie Gummibändern, Schlauch, Stimmgabeln, Holzstücken, Kamm mit Butterbrotpapier, Metallstücken und hohlen Staudensprossen können auch Musikinstrumente in das Unterrichtsgeschehen einbezogen werden. Eventuell bietet sich hier die Zusammenarbeit mit Musik- bzw. TechniklehrerInnen an.
An dieser Stelle kann mit allen SchülerInnen der Klasse – jeder und jede hat ein Musikinstrument oder einen schallerzeugenden Gegenstand – ein Musikstück eingeübt und eventuell auch aufgenommen werden. Hierbei können erstaunliche Ergebnisse herauskommen: Geräusche, Töne, Klänge und Lärm vereinigen sich zu Musik!

Das schwingende Lineal

Seite 54

Auswertung:

→ Durch Verkürzen oder Verlängern des überstehenden Linealteils wird die Zahl der Schwingungen erhöht – der Ton wird höher – oder verringert – der Ton wird tiefer.
Besonders durch den Einsatz verschiedener Stimmgabeln kann der Begriff Schwingung vertieft werden. Die SchülerInnen stellen beim Berühren einer angeschlagenen Stimmgabel fest, dass nun die meist unsichtbare Schwingung auf die Haut übertragen wird und von den Hautsinneszellen gefühlt werden kann. Je höher der Ton (die Frequenz) der Stimmgabel ist, desto schneller ist die Schwingung.

Kann man Töne sehen?

Seite 55

Durchführung:

→ Dieses Demonstrationsexperiment (meist ist nur eine Schreibstimmgabel in den Sammlungen vorhanden) sollte nicht nur vom Lehrer durchgeführt werden – zumindest einige SchülerInnen können mitwirken.
Eine sinnvolle Ergänzung zu den Schülerexperimenten ist an dieser Stelle der Einsatz des Oszillographen.

Versuche mit dem Oszillographen

Demonstrationsversuche

Durchführung:

Für Demonstrationsversuche wird ein Mikrophon an den Oszillographen angeschlossen (ggf. PhysiklehrerInnen ansprechen). Bei höheren Stimmgabeltönen ist wieder eine größere Anzahl von Schwingungen, eine höhere Frequenz erkennbar. Wird die Stimmgabel stark angeschlagen, so verändert sich nicht die Anzahl der Schwingungen, sondern nur deren Höhe (Amplitude). Beim Einsatz von zwei Stimmgabeln können sich zwei Schwingungen überlagern. Die SchülerInnen können versuchen, mit ihrer Stimme einen reinen Ton zu singen. Dabei lässt sich feststellen, dass dies nur mit einiger Übung und nicht allen Testpersonen gelingt.
Die Stimme selbst ist immer ein Gemisch verschiedener Frequenzen, zeigt aber für jede Person ein charakteristisches Bild (akustischer Fingerabdruck). Anhand von Sonogrammen ist es möglich, einzelne Personen zu identifizieren. Bei der Kripo können so z.B. Erpresser erkannt und überführt werden. Im Unterricht kann man dieses „Kriminalistenspiel" ebenfalls mit Hilfe von Tonbandaufnahmen verschiedener Schülerstimmen durchführen.

Töne brauchen Zeit

Seite 56

Durchführung:

Die Teststrecke sollte nicht kürzer als 330 m sein, da die SchülerInnen sonst keine Messung durchführen können. Die Schallgeschwindigkeit beträgt genau 330 m pro Sekunde.

Das Schnurtelefon

Seite 57

Auswertung:

Ein Schnurtelefon funktioniert ähnlich wie ein richtiges Telefon: Die Schallwellen der Stimme versetzen den Boden des Bechers in Schwingungen. Sie laufen an der Schnur entlang und werden vom anderen Becherboden in Luftschwingungen zurückverwandelt. Beim richtigen Telefon wird der Schall in elektrische Schwingungen verwandelt, die sich über Kabel ausbreiten.

Schall und Schubs

Gruppenspiel

Durchführung:

Die Vorstellung, dass kleine Teilchen an der Schallübertragung beteiligt sind, lässt sich spielerisch darstellen. Die SchülerInnen übernehmen die Rolle der kleinen Teilchen in einem vorgegebenen Raum. Der Lehrer gibt den Schallimpuls, indem er einen Schüler anschubst. Die Schubsbewegung pflanzt sich in der Schülergruppe fort. Die unterschiedliche Schallausbreitung in Abhängigkeit von der Dichte des Materials lässt sich durch Aneinanderrücken bzw. Auseinanderrücken der Personen demonstrieren. Das Spiel macht nachvollziehbar, warum es im Weltraum (Vakuum) so gut wie keine Schallübertragung gibt.

Erweiterung:

Die gegen Null tendierende Schallausbreitung im Vakuum lässt sich auch mit der Vakuumglocke demonstrieren (siehe Physikbücher).

Die Lauscher auf Empfang …

Seite 58

In diesem überschaubaren Informationstext erfahren die SchülerInnen die wichtigsten Dinge über den Hörvorgang im menschlichen Ohr.

Hörfähigkeit beim Menschen

Demonstrationsversuch

Material: Sinusgenerator, Lautsprecher, Verbindungskabel

Durchführung: Der Sinusgenerator wird an den Lautsprecher angeschlossen (Ω-Angaben beachten, PhysikerInnen zu Rate ziehen). Eine Versuchsperson sitzt mit dem Rücken zum Lautsprecher und konzentriert sich darauf, ob und ab wann Töne zu hören sind. Die ExperimentatorInnen stellen nun den Generator ausgehend von 0 Hz auf immer höhere Frequenzen ein. Die Testperson muss nun angeben, wann sie den ersten tiefen Ton wahrnehmen kann. Dieser Wert wird von einem Protokollschreiber festgehalten. Nun wird die Frequenz immer höher eingestellt, so lange, bis die Testperson keinen nun sehr hohen Ton mehr wahrnehmen kann. Dieser Wert wird ebenfalls protokolliert. Der Versuch sollte an vielen Testpersonen durchgeführt werden, da die Hörleistung individuell stark schwankt. Bei älteren Personen (z.B. beim Lehrer) nimmt diese Leistung in den oberen Frequenzen stark ab! Die durchschnittliche Obergrenze der menschlichen Hörfähigkeit liegt bei Kindern um 21 kHz, bei 35-Jährigen um 15 kHz, bei 50-Jährigen um 12 kHz und bei über 80–Jährigen um 5 kHz (für die Obergrenze bei diversen Tieren: siehe S. 28).

Blindes Hören

Seite 59

Auswertung: Die beiden einführenden Spiele verdeutlichen besonders durch die Variante, dass zum exakten Richtungshören und beim Orientieren nach Geräuschen beide Ohren benötigt werden.

Es klopft! Von wo?

Seite 60

Durchführung: Wenn man einen sehr langen Schlauch benutzt, kann die gesamte Klasse (großer Stuhlkreis) in diesen Test einbezogen werden. Eine Versuchsperson mit verbundenen Augen hält die beiden mit Trichtern versehenen Schlauchenden an ihre Ohren. Die SchülerInnen haben den Schlauch auf den Knien und tippen abwechselnd darauf. Die Versuchsperson gibt die genaue Richtung an. Selbst bei einem sehr langen Schlauch kann auf diesem Wege die genaue Mitte bestimmt werden.

Hörfähigkeit bei Tieren

Schülererarbeitung

→ Bei verschiedenen Tierarten treten im Bereich der Hörfähigkeiten extreme Anpassungen an ihren Lebensraum bzw. an ihr Verhalten auf. Sie unterscheiden sich z.T. sehr stark von der Hörleistung des Menschen (siehe S. 28). Auffällig sind besonders die Hörleistungen im extremen Ultraschall (Fledermäuse, Delphine), die zur Orientierung, zur Verständigung und zum Beutefang eingesetzt werden, aber auch die im Bereich des Infraschalls, der z.B. von Großwalen zur Verständigung über große Entfernungen benutzt wird. Um diese Besonderheiten im Tierreich zu verdeutlichen, können die SchülerInnen in kleinen Gruppen anhand von Schul- oder Fachbüchern aus der Bibliothek kurze schriftliche Erarbeitungen erstellen und die Ergebnisse in Plakaten oder Wandzeitungen dokumentieren.

Die Reihe „Die Supersinne der Tiere" (siehe S. 81) bietet zu diesem Thema eine Fülle interessanter Informationen!

Lärm hat eine Wirkung auf den Menschen!

Gruppenversuch

Material: → mehrere Walkmen, Blatt mit einfachen Rechenaufgaben, Stoppuhr

Durchführung: → Die Schülergruppe wird für dieses Experiment in zwei Gruppen aufgeteilt. Eine Gruppe rechnet Matheaufgaben mit Musik (Walkman), die andere ohne akustische Belastung (eventuell in einem Nachbarraum). Jeder Gruppe steht eine bestimmte Zeit zur Verfügung. Nach Ablauf der Zeit werden die Testbögen ausgewertet. Eventuell kann der Test noch einmal mit vertauschten Rollen durchgeführt werden.

Auswertung: → Anhand dieses Tests kann man feststellen, dass Lärm bzw. Musik eine Auswirkung auf die Konzentrationsfähigkeit haben.

Lärmkarte der Schule

Seite 61

Durchführung: → Das Schallpegelmessgerät sollte ausführlicher vorgestellt werden. Mit Hilfe dieses Gerätes kann der Schalldruck (Lautstärke) in dB(A) gemessen werden. (Siehe auch die Tabelle „Schallpegel verschiedener Geräusche" auf Seite 28.) Ähnliche Messungen wie innerhalb der Schule können auch innerhalb der Stadt durchgeführt werden. Hierzu sollten verschiedene Bereiche (Hauptverkehrswege, Eisenbahnlinien, Parks, Schulumfeld usw.) untersucht werden. Eventuell kann auch eine Lärmkarte des Schulumfeldes erstellt werden.

Macht Lärm krank?

Schülererarbeitung

Material: Informationsmaterialien der örtlichen Krankenkassen, Infos zum Arbeitsschutz, Lehrbücher usw.

Durchführung: Die SchülerInnen können anhand von Informationsmaterialien die Auswirkung von Schall erarbeiten. In diesem Zusammenhang sind eventuell Gespräche mit Betroffenen von großer Bedeutung (Schwerhörige, Anwohner verkehrsreicher Straßen usw.).

Anmerkung: Ruheräume in der Schule verbessern das Schulklima!

Sternenhimmel an der Klassenraumdecke

Demonstrationsversuch

Material: großes Haushaltssieb, dicke Alufolie, starke Glühlampe, Transformator, Kreidestaub, spitzer Gegenstand (Nadel)

Durchführung: Das Haushaltssieb wird mit Alufolie lichtdicht umschlossen. Eine Glühlampe wird am Transformator angeschlossen und unter das Sieb platziert. Nun wird der Raum absolut verdunkelt und es werden mit Hilfe einer Nadel feine Löcher in die Alufolie gestanzt. Die SchülerInnen sehen nun die kleinen Löcher in der Folie und den „Sternenhimmel" mit großen Lichtpunkten an der Decke. Erst wenn Kreidestaub in den Weg des Lichtes geblasen wird, werden die Lichtbündel sichtbar.

Auswertung: Durch diesen einfachen Versuch lässt sich verdeutlichen:
- Das Licht breitet sich geradlinig und kegelförmig aus.
- Wir sehen das Licht nur, wenn es in unser Auge fällt.

Die kleinen Kreidestaubteilchen reflektieren die Lichtstrahlen. Einige dieser reflektierten Strahlen gelangen in unser Auge. Nur deshalb sehen wir die Lichtbündel.

Im Dunkeln lesen ... aber wie?

Seite 62

Auswertung: Es ist möglich, den Text zu lesen, wenn ein Gegenstand (am besten weiß, da Weiß die Lichtstrahlen besonders gut reflektiert) in den Lichtkegel der Taschenlampe mit einem geeigneten Neigungswinkel gehalten wird.

Die Reflexion des Lichtes kann anschließend an verschiedenfarbigen Gegenständen oder Pappen ausprobiert werden. Weitere Fragen bieten sich an:
- Wieso sollte man in der Wüste weiße Kleidung tragen?
- Was hat es mit „schwarzen Löchern" im Weltraum auf sich? ...

Der geheimnisvolle Wassertropfen

Partnerversuch

Material: saubere Objektträger, Wasser, weißes Papier, Stifte

Durchführung: Die SchülerInnen malen auf das Papier zunächst kleine Bilder oder schreiben darauf Wörter. Dann legen sie einen gereinigten Objektträger auf das Blatt und setzen vorsichtig einen Wassertropfen auf den Objektträger. Wenn sie den Objektträger jetzt einige Zentimeter anheben und den Wassertropfen über die Bilder oder Wörter führen, vergrößert der Tropfen das Bild – er hat die Form einer konvexen Linse.

Spiele mit Linsen

Seite 63

Durchführung: Für diesen Versuch sind keine Linsen aus der Sammlung nötig, es eignen sich sehr gut diverse Sammellinsen vom Optiker oder aus dem Haushalt. Wichtig ist eine gute Qualität des Transparentpapiers.

Auswertung: Konvexe Linsen helfen Gegenstände abzubilden. Dabei steht das Bild auf dem Kopf. Bewege ich die Linse nach unten, verschiebt sich das Bild nach oben; verschiebe ich die Linse nach rechts, wandert das Bild nach links und umgekehrt.

Mit dem Brennglas unterwegs

Seite 64

Durchführung: Besonders interessant ist es, diese Versuche im Winter zu machen, da SchülerInnen oft annehmen, dass Brenngläser nur bei Wärme funktionieren. Viele SchülerInnen haben heute kaum noch Erfahrungen mit Brenngläsern. Gefährliche Situationen können auftreten, wenn die Linsen die Sonnenstrahlen auf Haut oder Augen bündeln.
Die Versuche haben spielerischen Charakter, dienen aber dazu, die Feinmotorik zu schulen und lebendige Erfahrungen mit Linsen zu sammeln.
Unter 5. gelingt es deutlich schneller, in die dunkleren Kreise ein Loch zu brennen. Dunkle Farben „schlucken" das Licht besser als helle! Warum wohl? Hier bietet sich die Möglichkeit eines „Expertenvortrages" eines Schülers oder einer Schülerin. Sie können sich in entsprechenden Büchern dazu „schlau" machen.

Kerze und Linse

Seite 65

Auswertung: zu 1.: Die Kerze steht auf dem Kopf.

zu 3. und 4.: Es entstehen kleine scharfe Bilder, wenn die Kerze von der Linse weggeschoben wird. Die Kerze wird vergrößert, wenn sie näher zur Linse hingeschoben wird. Ist die Kerze sehr nah an der Linse, dann erscheint in der Linse ein vergrößertes aufrechtes Bild (Lupeneffekt).

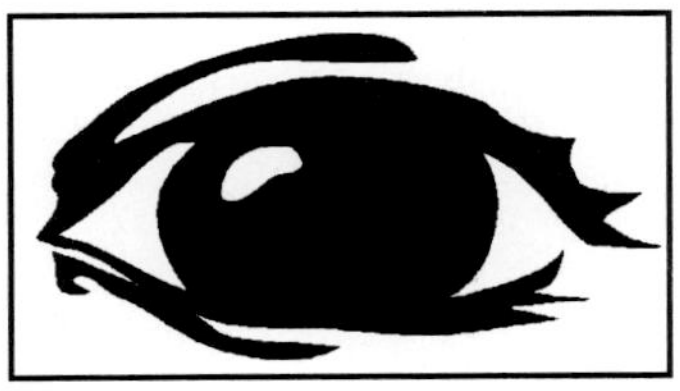

Verschiebt man den Schirm, so erhält man nur an bestimmten Stellen ein scharfes Bild. Die nachfolgende Tabelle dient nur dazu, dem Lehrer eine Übersicht zu geben. Es ist nicht Ziel des Unterrichts, eine solche Tabelle mit den SchülerInnen zu erarbeiten!

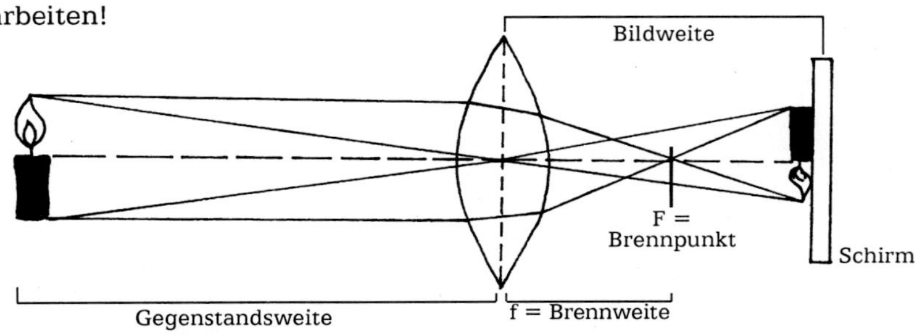

Lage des Gegenstandes	Lage des Bildes	Art des Bildes	Anwendungen
Gegenstand weiter als 2 x die Brennweite entfernt	zwischen Brennpunkt und 2 x der Brennweite	verkleinert und auf dem Kopf stehend	Fotoapparat
Gegenstand genau 2 x die Brennweite entfernt	genau in 2 x f	gleich groß und auf dem Kopf stehend	Umkehrlinse im Fernrohr
Gegenstand zwischen f und 2 x f	außerhalb 2 x der Brennweite	vergrößert bis stark vergrößert und auf dem Kopf stehend	Projektor
Gegenstand im Brennpunkt (F)	in der Linse	aufrecht, vergrößert aber virtuell	Lupe
Gegenstand zwischen Brennpunkt und Linse	in der Linse	aufrecht, vergrößert aber virtuell	Lupe

Wir bauen eine Lochkamera

Seite 66

Durchführung:

➡ Den SchülerInnen sollte kein fertiger Ausschneidebogen gegeben werden. Sie sollten vielmehr die im Mathe-Unterricht gelernten Fertigkeiten anwenden, über eine korrekte Mantelzeichnung die Lochkamera zu bauen. Mit dieser Lochkamera kann man draußen (nur bei Sonnenschein) und drinnen (am besten mit Beleuchtung durch einen OH-Projektor) Landschaften und Gegenstände abbilden. Die entstehenden Bilder sind seitenverkehrt, auf dem Kopf stehend und bei guten Lichtverhältnissen farbig. Ursache dafür ist die geradlinige Ausbreitung des Lichtes.

Hat die Schule ein Fotolabor, kann man mit der Lochkamera auch richtige Schwarz-Weiß-Fotos herstellen, indem man an Stelle des Transparentschirmes ein lichtempfindliches Fotopapier in der Dunkelkammer einlegt.

Achtung: Hierzu muss die Kamera mit einem lichtdichten Verschluss (Tesaband) versehen werden, der während der Aufnahmen geöffnet werden muss (unterschiedliche Belichtungszeiten ausprobieren, mindestens 10 Sekunden). Um Verwackelungen zu vermeiden, sollten die Kameras während der Aufnahmen auf feste Unterlagen gestellt werden.

Das Auge ist mehr als ein Sehapparat!

Seite 67

Auswertung:

→ Bei diesem Partnerspiel sollte es den SchülerInnen sensibel überlassen werden, wieweit sehr persönliche Eindrücke und Gefühle thematisiert werden.

Präparation eines Rinderauges

Seite 68

Durchführung:

→ Die Präparation eines Auges weckt verschiedenste Emotionen. Sie sollten im Unterricht nicht unterdrückt, sondern aufgegriffen und diskutiert werden. SchülerInnen mit Ekelgefühlen sollten wenn möglich im Nachbarraum andere Versuche zum Thema durchführen.

- Quellen für den Bezug von Rinderaugen: Schlachthöfe, Metzgereien, Tierärzte (Eltern ansprechen).
- Die Augen müssen frisch sein (max. 3 Tage) und werden im Kühlschrank aufbewahrt.
- Keine gefrorenen Augen benutzen (Zerstören der inneren Gewebe durch Gefrieren!). Keine in Formalin eingelegten Augen benutzen (Gefahrstoffverordnung!).
- Scharfe Skalpelle und Scheren für die Präparation verwenden!
- Unter Berücksichtigung der Diskussion über die ungeklärte Übertragbarkeit des „Rinderwahnsinns" Latex-Handschuhe (Baumarkt) benutzen. Nach der Präparation müssen die Hände gründlich gewaschen werden. Essen und Trinken sind während der Präparation nicht erlaubt.

Auswertung:

→ **Antworten: 2.** = blau; **5.** = Netzhaut, am Sehnerv, blaugrün schillernd; **6.** = Die Linse vergrößert die Buchstaben

Bilder auf der Netzhaut des Rinderauges

Seite 69

Durchführung:

→ Die Augen werden für diesen Versuch von ihnen vorbereitet. Geschickten SchülerInnen gelingt die Präparation des Fensters ebenfalls. Beim Aufbringen des Transparentpapiers ist darauf zu achten, dass keine Luftblase eingeschlossen wird.

Warum hast du zwei Augen?

Seite 70

Durchführung:

→ Dieses Blatt verdeutlicht die Notwendigkeit beider Augen für das räumliche Sehen. Interessant ist es hierbei, einer Schülerin oder einem Schüler ein Auge durch eine Augenklappe zu verdecken. Die Eindrücke und das Verhalten dieser Person vertiefen die im Text dargestellten Fakten.

Erkennst du, wie spät es ist?

Seite 71

Durchführung:

Der Sehtest sollte in Schülergruppen durchgeführt werden. Das Testblatt wird an der Wand oder an der Tafel befestigt. Die Testperson steht jeweils genau vier Meter vom Blatt entfernt. Der Versuchsleiter oder die Versuchsleiterin deutet mit einem Bleistift auf die verschiedenen Symbole und die Testperson nennt jeweils die entsprechende Uhrzeit. Der Test verläuft immer von den großen zu den kleinen Symbolen! Die Ergebnisse werden mit Angabe des Namens protokolliert.
SchülerInnen, bei denen eine Sehschwäche festgestellt wird (ab 0,8), sollten in der nächsten Zeit den Augenarzt für eine Augenkontrolle aufsuchen. Das Ergebnis kann nur ein Hinweis sein, nicht aber eine Aussage über einen Sehfehler.

Sehen und optische Täuschung

Seite 72

In diesem überschaubaren Informationstext erfahren die SchülerInnen die wichtigsten Dinge über den Sehvorgang im Auge und seine Wechselwirkungen mit dem Gehirn. Die Täuschung des Gehirns (optische Täuschung) wird im zweiten Textteil auch für die folgenden Blätter eingeführt.

Tempel der Erkenntnis

Seite 73

Diese Abbildung fasst viele verschiedene optische Täuschungen zusammen. Die SchülerInnen erhalten hier einen guten Überblick.

Alt oder jung?

Seite 74

Die hier dargestellte Abbildung der alten bzw. jungen Frau ist ein bekanntes Beispiel für ein springendes Bild. Ein Teil der Klasse wird zuerst die alte Frau erkennen und Schwierigkeiten haben, das andere Bild zu erkennen. Bei einem anderen Teil der Klasse ist es genau umgekehrt. Der kleinere Rest der Klasse hat keine Probleme, beide Bilder abwechselnd zu erkennen. In Partnerarbeit können sich die SchülerInnen gegenseitig helfen. Haben sie erst die Fixpunkte der beiden Bilder erkannt, so ist für alle das Umschalten sehr viel leichter.

Zwirbelkärtchen

Seite 75–76

Auswertung:

Dieser Versuch verdeutlicht, dass unser Auge nur eine bestimmte Anzahl von Bildern pro Sekunde einzeln auflösen kann.

Durch die Drehung des Zwirbelkärtchens ist die Abfolge der Einzelbilder so schnell, dass nur noch ein Bild erkannt wird.

Erweiterung:

→ Vertiefen lässt sich die Betrachtung dieses Phänomens durch das Herstellen eines Daumenkinos, bei dem sich Einzelbilder zu einem bewegten Bild verbinden lassen. In diesem Zusammenhang kann man auch auf die Laufgeschwindigkeit eines Filmes (24 Bilder pro Sekunde) oder die Zeilenfrequenz eines Fernsehers eingehen.

Keine lange Leitung

Seite 77

→ In diesem überschaubaren Informationstext erfahren die SchülerInnen die wichtigsten Dinge über die Informationsleitung in unserem Nervensystem. Die Unterschiede zwischen sensorischen, integrativen und motorischen Nervenzellen werden veranschaulicht.
Dieses Blatt kann auch, weil die Nervenzellen bei der gesamten Sinneswahrnehmung eine zentrale Rolle spielen, zu einem früheren Zeitpunkt eingesetzt werden.

Torwart beim Elfmeter

Seite 78

Durchführung:

→ Die Comicdarstellung kann auch die Informationen des Blattes „Keine lange Leitung" einarbeiten. So können z.B. die Aktivitäten der sensorischen, integrativen und motorischen Nervenzellen verschiedenfarbig abgesetzt werden. Gute Arbeiten sollten in der Klassen- oder Schulzeitung veröffentlicht werden.

Wie fix bist du?

Seite 79

Auswertung:

→ Die Ergebnisse können auch grafisch in Diagrammen dargestellt werden. Dabei wird deutlich, dass Unterschiede bei den Testpersonen festzustellen sind. Ein Teil der Personen zeigt eine eindeutige Verbesserung der Ergebnisse während der zehn Versuche, der andere Teil variiert in seinen Testergebnissen sehr stark.
Dies bedeutet, dass es unterschiedliche Konzentrations- und Lernfähigkeiten bei den SchülerInnen gibt. Dieses Ergebnis lässt keine Aussage über ihre schulische Leistungsfähigkeit zu.

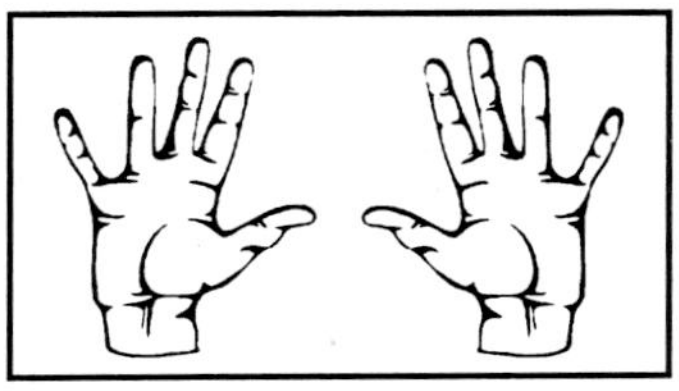

Die Haut des Menschen in Zahlen

Fläche	1,8 m²	
Dicke	bis 9 mm	
Gewicht	11 kg	
Zahl der Zellen	110 000 000 000	(= 6 000 000 pro cm²)
Zahl der Schweißdrüsen	1 800 000	
Zahl der Talgdrüsen	250 000	
Zahl der Wärmekörperchen	40 000	
Zahl der Kältekörperchen	240 000	
Zahl der Tastkörperchen	540 000	
Zahl der Tastscheiben	60 000 000	
Zahl der freien Nervenendigungen	4 000 000	

Zahl der Rezeptoren der Sinne des Menschen und der ableitenden Nervenfasern

Sinn	Zahl der Rezeptoren	Zahl der Fasern
Auge	132 000 000	1 000 000
Ohr	30 000	20 000
Geschmack	10 000 000	2 000
Geruch	10 000 000	2 000
Druck	500 000	
Schmerz	3 000 000	Haut zusammen
Wärme	10 000	ca. 1 000 000
Kälte	100 000	

Erregungsleitungsgeschwindigkeit bei Tieren und Pflanzen

Art	Erregungsleitungsgeschwindigkeit in m/Sekunde
Tiere	
Seenelke (Nervennetz)	0,13
Regenwurm (Riesenfaser)	30
Tintenfisch (Riesenfaser)	10–20
Schabe (Riesenfaser)	1,5–3,5
Karpfen (laterale Faser)	47
Frosch (A-Faser)	30
Katze (C-Faser)	0,6–2
Mensch (A-alpha-Faser)	**60–120**
Mensch (B-beta-Faser)	**40–90**
Pflanzen	
Mimose (Blattstiel)	0,4–3 cm/Sekunde

Zahlen zum Nervensystem des Menschen

Gewicht des Gehirns	1,5 kg
Gewicht des Großhirns	1,25 kg
Zahl der Nervenzellen des Gehirns	14 000 000 000
Zahl der Verknüpfungen (Synapsen)	7 000 000 000 000
Dicke der Großhirnrinde	2–5 mm
Zahl der Nervenzellen (Großhirn)	12 000 000 000
Zahl der Querverbindungen (Großhirn)	1 000 000 000 000
Länge der Nervenfasern im Großhirn	500 000 km
Länge der Nervenfasern außerhalb	480 000 km
täglicher Verlust an Nervenzellen	50 000–100 000

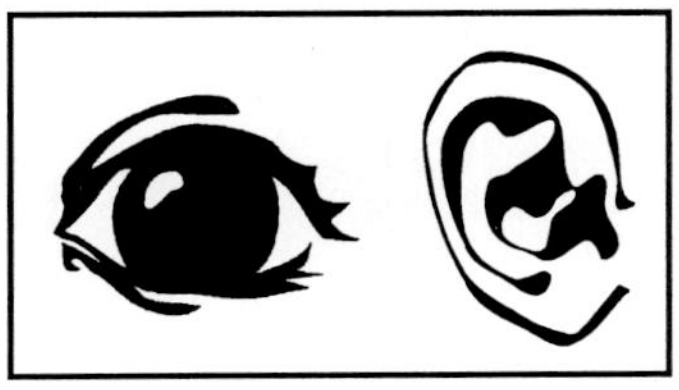

Zahlen zum menschlichen Auge

Durchmesser des Augapfels	24 mm
Gewicht des Augapfels	7,5 g
Durchmesser der Iris	12 mm
Pupillendurchmesser	1,2–9 mm
Dicke der Linse	4–4,14 mm
Durchmesser der Linse	9 mm
Volumen des Glaskörpers	4 ml
Gewicht des Glaskörpers	4 g
Zahl der Sehzellen in der Netzhaut	132 000 000
Zahl der Stäbchen	125 000 000
Zahl der Zapfen	7 000 000
Zahl der Schaltzellen	2 000 000
Zahl der Nervenfasern im Sehnerv	1 000 000

Schallpegel verschiedener Geräusche in dB(A)

Schwellenlautstärke	0
Leises Flüstern, Taschenuhr, Atmen	10
Flüstersprache	20
Wecker, Wohngebiet nachts	30
ruhige Unterhaltung, ruhige Wohnung	40
normale Unterhaltung, Zimmerlautstärke	50
Konversation	60
Büroschreibmaschine	70
Staubsauger, Straßenverkehr	80
Motorrad, Lkw, starker Straßenverkehr	90
Presslufthammer, Autohupe aus der Nähe	100
Textilfabrik	110
Propellerflugzeug, Popkonzert	120
Schmerzgrenze, Lärm in Kesselschmiede	**130**
Düsenjäger beim Start	140
Düsenmotor in 25 m Entfernung	160
Weltraumrakete beim Start aus der Nähe	170

Anmerkung: Eine Steigerung des Schallpegels um 10 dB(A) entspricht einer Verdoppelung des Schalldruckes (Lautstärke)!

Obergrenze der Hörfähigkeit bei Tier und Mensch

Art	Obergrenze in kHz
Schlange	0
Aal	0,6
Haifisch	2
Goldfisch	3
Wasserschildkröte	4
Uhu	8
Eidechse	8
Feldheuschrecke	12
Pinguin	15
Sperling	18
Waldkauz	21
Mensch	**21**
Buchfink	29
Schimpanse	33
Huhn	38
Katze	47
Ratte	80
Maus	100
Hund	135
Delphin	200
Nachtschmetterling	240
Fledermaus	400

Der Krabbelsack

Was ihr braucht: ⇨ den Sack, den dein Lehrer oder deine Lehrerin mit verschiedenen Gegenständen gefüllt hat; ein großes Stück Tapete oder ein Tafelbild, auf das für jede der fünf Spielrunden eine Spalte gemalt wird

Wie es geht: ⇨ Der Sack liegt vor euch auf dem Tisch. Ihr dürft ihn vor Beginn des Spiels nicht berühren, beschnuppern oder abhorchen. Tragt nach jeder Spielrunde in die entsprechenden Spalten eurer Tabelle ein, was ihr in dem Sack vermutet. Eure Beschreibungen sollten dabei möglichst genau sein.

Spielrunde 1: ⇨ Ihr dürft den Sack aus nächster Nähe betrachten, beriechen und belauschen, aber niemals berühren!

Spielrunde 2: ⇨ Ihr dürft den Sack von außen betasten, ihn aber nicht umdrehen und nicht verschieben!

Spielrunde 3: ⇨ Ihr dürft den Sack nun von seinem Platz entfernen, ihn in alle Richtungen wenden und von allen Seiten betasten, beschnuppern und abhorchen.

Spielrunde 4: ⇨ Ihr dürft den Sack nun öffnen und den Inhalt – ohne hineinzublicken – betasten.

Spielrunde 5: ⇨ Nehmt nun die Gegenstände einzeln aus dem Sack heraus und tragt die genauen Ergebnisse in die 5. Spalte eures Wandbildes ein.

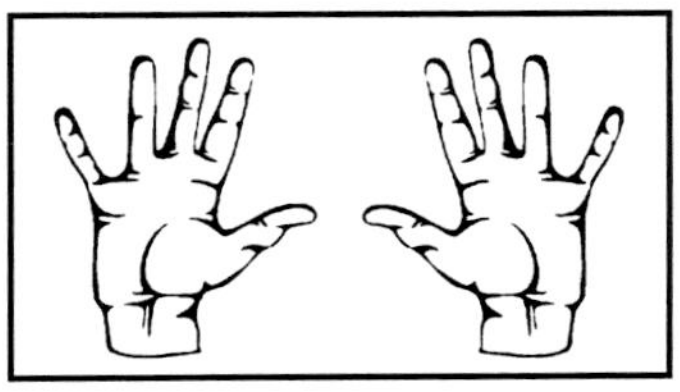

Wie viel Geld ist das?

Was ihr braucht: mehrere unterschiedliche Geldmünzen pro Gruppe

Wie es geht: Jede Gruppe bestimmt einen Spielleiter. Nun gibt ihm jedes Gruppenmitglied eine Münze (oder einen beliebigen kleinen Gegenstand). Die SpielerInnen stellen sich nebeneinander mit dem Rücken zum Spielleiter. Dabei werden die Hände auf den Rücken gehalten. Der Spielleiter gibt dem ersten Spieler nacheinander die Münzen in die auf den Rücken gehaltenen Hände. Dieser tastet sie nacheinander ab, merkt sich die Summe des Geldes und gibt sie an den Spielleiter zurück. Dieser reicht die Münzen nun dem zweiten Spieler.

Dieses wiederholt sich, bis alle MitspielerInnen die Münzen in der Hand hatten und eine Summe gebildet haben. Zum Schluss sammelt der Spielleiter die Münzen ein. Nun schreibt jeder Mitspieler für sich die Summe auf einen Zettel. Der Spielleiter deckt die Münzen auf und die errechnete Summe wird mit den ertasteten Summen verglichen.

Wer bist du?

Was ihr braucht: vier bis fünf Schals zum Verbinden der Augen

Wie es geht: Eure gesamte Gruppe sitzt in einem Stuhlkreis im Klassenraum, in der Pausenhalle oder auf dem Schulhof. Von zwei Spielleitern (ein Mädchen und ein Junge), die ihr gemeinsam bestimmt, werden vier oder fünf Mitschülerinnen oder Mitschüler ausgewählt. Die Testpersonen prägen sich anschließend in einer bestimmten Zeit (ein bis zwei Minuten) die Gesichter ihrer Mitschülerinnen und Mitschüler ein. Anschließend verbinden ihnen die Spielleiter mit den Schals die Augen. Die Testpersonen bewegen sich nun im Kreis, ertasten fünf Gesichter und nennen die zugehörigen Namen der „ertasteten" Personen. Es wird gezählt, wie viele Tastversuche erfolgreich waren.

Nach dem ersten Durchgang berichten die Testpersonen über ihre Erfahrungen beim Spiel.

Ihr könnt mehrere Durchgänge spielen, solltet dann aber jedes Mal eure Sitzpositionen im Stuhlkreis ändern und sowohl die SpielleiterInnen als auch die Testpersonen auswechseln.

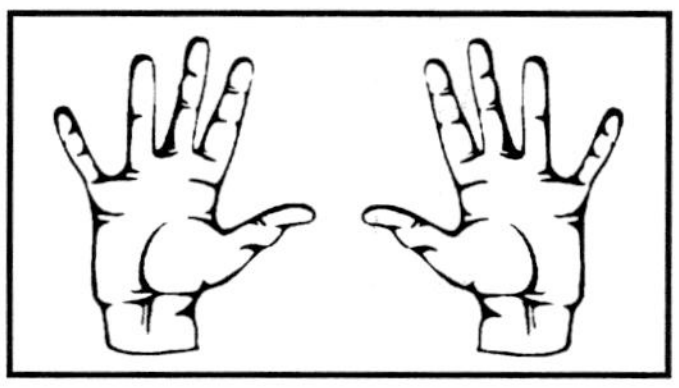

Partner spiel

Ich kann mit der Haut lesen!

Was ihr braucht:

→ Kugelschreiber ohne Mine, Zeichenpapier, Bleistifte, Schals zum Verbinden der Augen

Wie es geht:

→ Du malst mit dem Zeigefinger oder dem Kugelschreiber ohne Mine deinem Partner/deiner Partnerin Buchstaben oder Zahlen auf den Rücken. Das „Versuchskaninchen" nennt das Gefühlte.

Erweiterungen:

→ **a)** Nun zeichnet dein Partner/deine Partnerin die Ergebnisse auf ein Blatt Papier.

→ **b)** Jetzt können es auch kompliziertere Bilder sein (Haus, Baum, Gesicht), die ihr euch auf den Rücken malt.

→ **c)** Ihr könnt nun auch andere Hautstellen (Unterarm, Stirn, Hand) einbeziehen, dann müssen aber die Augen des „Versuchskaninchens" verbunden oder geschlossen sein. An welchen Hautstellen könnt ihr die Bilder am besten erfühlen?

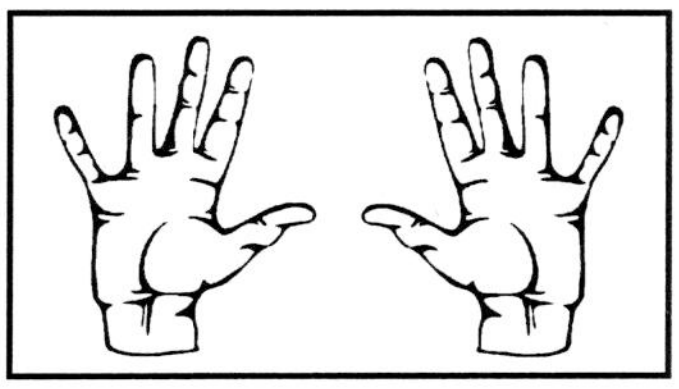

Die Tastborste

Was du brauchst: ein Streichholz, eine Schere, ein Haar (möglichst dunkel, kräftig und gerade), ein scharfes Messer, Klebstoff

Wie es geht: **1.** Kerbe ein Streichholz mit dem Messer so ein, dass du ein Haar in der Kerbe befestigen kannst.

2. Nimm von dir oder deinem Tischnachbarn (auch Lehrerinnen- und Lehrerhaare sind geeignet!) ein möglichst dunkles, kräftiges und gerades Haar. Klemme das Haar in die Kerbe des Streichholzes und klebe es mit einem Tropfen Klebstoff fest.

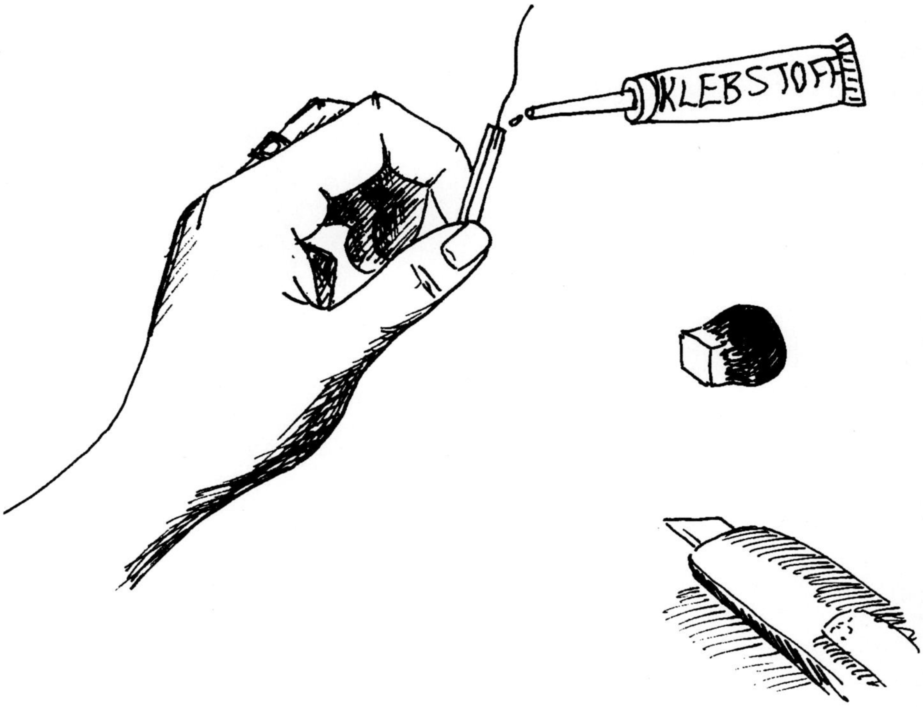

3. Tupfe mit der Spitze des Haares auf verschiedene Hautstellen. Meistens ist das Haar zu lang, sodass es sich zu sehr biegt und du nichts spüren kannst. Schneide dann ein Stückchen ab und probiere es wieder aus. Kürze das Haar so lange, bis du die Berührung als Druckpunkt spürst. Jetzt hat das Haar die richtige Länge und deine Tastborste ist fertig.

Fragen:
- Wie biegt sich das Haar, wenn es noch lang ist?
- Was verändert sich, wenn es kürzer wird?
- Wie verändert sich dabei der Druck auf die Hand?

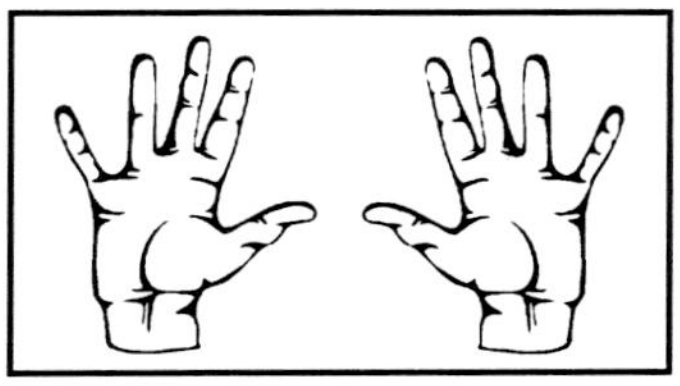

Dem Tastsinn auf der Spur (1)

Was ihr braucht: ⇒ die fertige Tastborste, einen feinen wasserlöslichen Filzstift, weißes Papier

Wie es geht: ⇒ Suche dir einen Partner oder eine Partnerin.

⇒ **1.** Tupfe mit der fertigen Tastborste Punkt für Punkt verschiedene Hautstellen auf der Hand deiner Partnerin/deines Partners ab.

⇒ **2.** Markiere die Punkte, wo er/sie etwas spürt mit dem wasserlöslichen Filzstift.

Diese Punkte nennt man Tastpunkte.

⇒ **3.** Zeichne nun in die Hand auf diesem Blatt die gefundenen Tastpunkte ein. Für Punkte, an denen nichts zu spüren war, benutze eine andere Farbe.

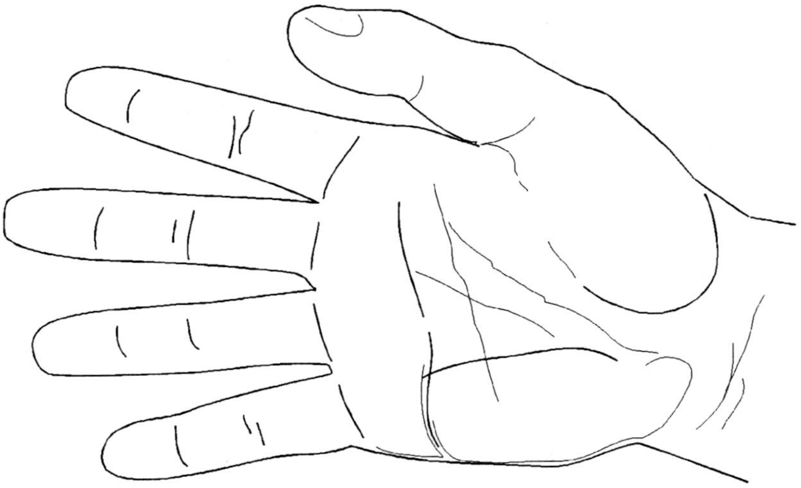

⇒ **4.** Was fällt euch auf?
Was findet ihr erstaunlich an diesem Ergebnis?

⇒ **5.** Was stimmt? Kreuze an:

Berührung spürt man nur an Tastpunkten.		Gefühllose Stellen gibt es nicht.	
An bestimmten Stellen spüre ich mit der Tastborste nichts.		Der Tastsinn versteckt sich in den Tastpunkten der Haut.	
Bei meinem Partner/meiner Parnerin liegen die Tastpunkte anders als bei mir.		Meine Tastborste hat nicht funktioniert. Ich habe nichts gefunden.	
Ich kann mir vorstellen, dass empfindliche Stellen mehr Tastpunkte haben.		Ich habe immer etwas gespürt.	

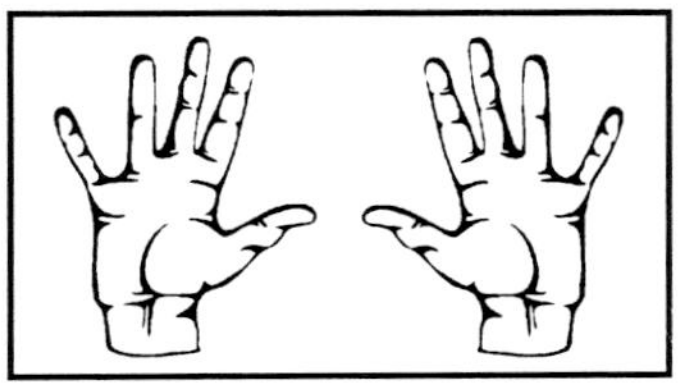

Dem Tastsinn auf der Spur (2)

Warum sind verschiedene Hautstellen unterschiedlich empfindlich?

Was ihr braucht:

⇥ Tastborste, ein Fünf- oder Zehnpfennigstück, wasserlösliche Filzstifte

Wie es geht:

⇥ **1.** Sucht euch zwei unterschiedliche Hautstellen aus der Tabelle aus.

Handrücken			**Stirn**
Unterarm			**Wange**
Oberarm			**eigene Wahl:**

⇥ **2.** Gleich große Hautflächen erhaltet ihr, wenn ihr die Münze fest auf die Haut drückt und die Umrisse des Geldstücks mit Filzstift nachzeichnet.

⇥ **3.** Sucht diese markierten Stellen mit der Tastborste Punkt für Punkt ab, markiert die Tastpunkte, zählt sie und tragt sie in die Tabelle ein.

⇥ **4.** Vergleicht eure Werte! Welche Hautstellen haben besonders viele Tastpunkte, welche haben weniger? Welche dieser Hautflächen sind besonders empfindlich?

Überlege:

⇥ – Wo, vermutest du, gibt es auf der Haut besonders viele Tastpunkte?
– Hat es einen Sinn, dass wir nicht überall gleich viele Tastpunkte haben?

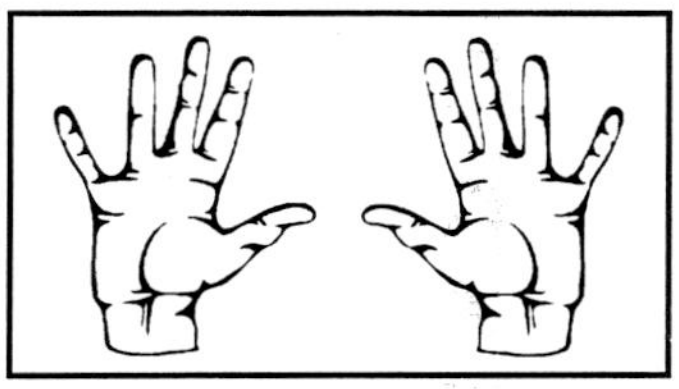

Blindenspaziergang

Was ihr braucht: ⇒ einen Schal, eine ca. 30 cm lange Schnur, einen Partner oder eine Partnerin

Wie es geht: ⇒ Verbinde deinem Partner/deiner Partnerin die Augen mit dem Schal und führe ihn/sie durch den Klassenraum oder über den Schulhof. Lasse dich dann selbst wie ein blinder Mensch führen. Versucht vorsichtig und nur, wenn der Partner oder die Partnerin es möchte, verschiedene Variationen:

1. Fasst euch an den Händen.
2. Bewahrt Körperkontakt nur über die Fingerspitzen eurer Zeigefinger.
3. Haltet Kontakt über die Schnur.
4. Haltet eure Handflächen ca. 1–2 cm übereinander ohne euch zu berühren.

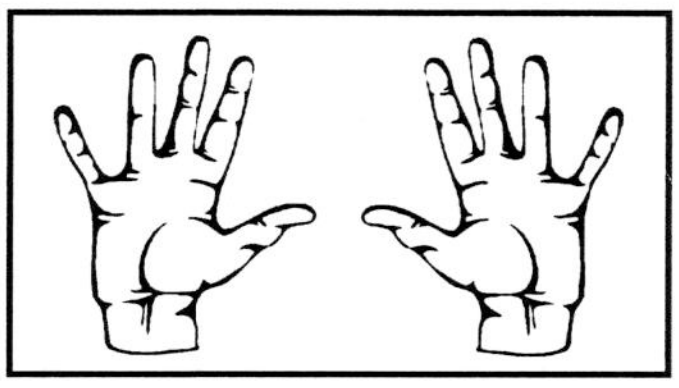

Füße sind nicht nur zum Gehen da!

Was ihr braucht:

⇥ Jede Gruppe besorgt sich aus einem Schuhgeschäft mindestens 6 Schuhkartondeckel. Des Weiteren benötigt ihr Schals zum Verbinden der Augen, große Mülltüten als Unterlage, Scheren, Tesafilm und kleine Kärtchen.

Wie es geht:

⇥ **1.** Erstellt einen Fußfühlpfad mit Materialien, die ihr in und um die Schule herum finden könnt. Füllt diese Materialien in die Schuhkartondeckel und stellt diese dann hintereinander auf.

⇥ **2.** Geht nun mit nackten Füßen und verbundenen Augen über den Fußfühlpfad eurer Nachbargruppe. Erfühlt mit euren Füßen das jeweilige Material. Die Ergebnisse werden aufgeschrieben.

Nach jeder Spielrunde müssen die Schuhkartondeckel vertauscht werden.

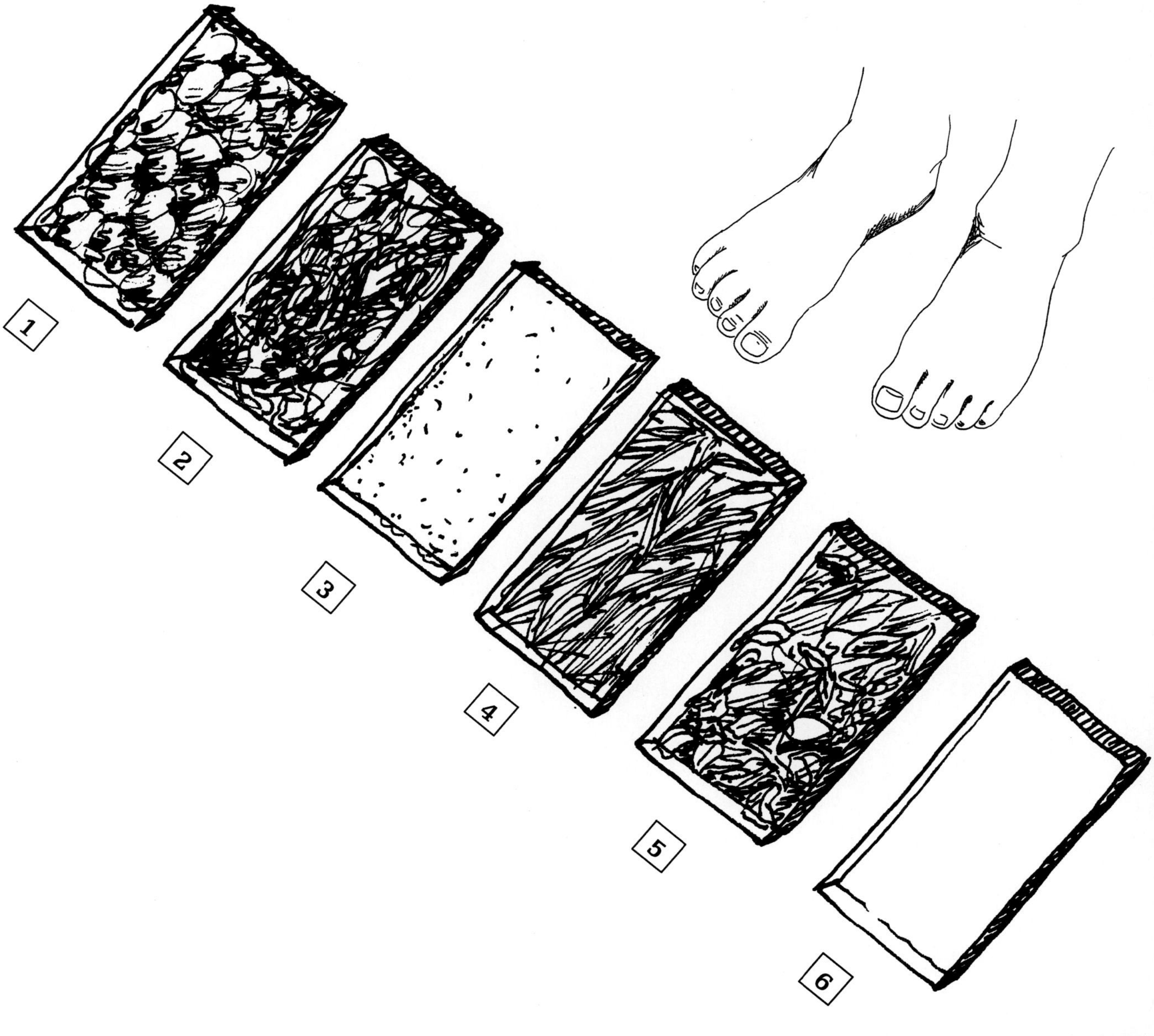

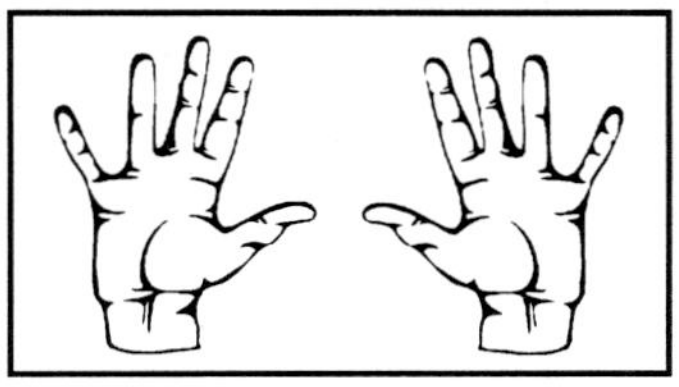

□ □ □ □ □ □ □ □ □ □ □ □ □ **Gruppen versuch**

Der geheimnisvolle Kasten

Was ihr braucht:

⇒ Besorgt euch aus einem Schuhgeschäft einen Schuhkarton pro Schüler oder Schülerin. Weiter benötigt ihr schwarzes Tonpapier zum Auskleiden der Schuhkartons, Stoffreste für die Sichtblenden, Scheren und Klebstoff. Das Wichtigste: verschiedene Materialien als zu ertastender Inhalt für die Boxen.

Wie es geht:

⇒ **1.** Fertigt aus den Materialien eine Blackbox an, wie ihr sie in der Abbildung sehen könnt:
Schneidet als Erstes in die Vorderseite des Schuhkartons eine faustgroße Öffnung, durch die eine Hand gerade hindurchpasst. Kleidet nun Schuhkarton und Deckel mit schwarzer Pappe aus. Anschließend wird die Öffnung mit einer Sichtblende aus Stoff versehen.

⇒ **2.** Bestückt die fertige Blackbox mit Materialien, die ihr in der Schule oder um die Schule herum findet (Kastanien, Blätter, Füller, Radiergummi usw.).

⇒ **3.** Die fertigen Kästen werden auf den Gruppentischen aufgebaut und jede Gruppe wechselt zu einem anderen, benachbarten Gruppentisch. Dort werden nun die Boxen tastend untersucht, die vermuteten Inhalte werden aufgeschrieben.

⇒ **4.** Am Ende der Versuchsrunde könnt ihr die Blackboxes öffnen und eure Ergebnisse vergleichen. Welche Gruppe hatte das beste „Fingerspitzengefühl"?

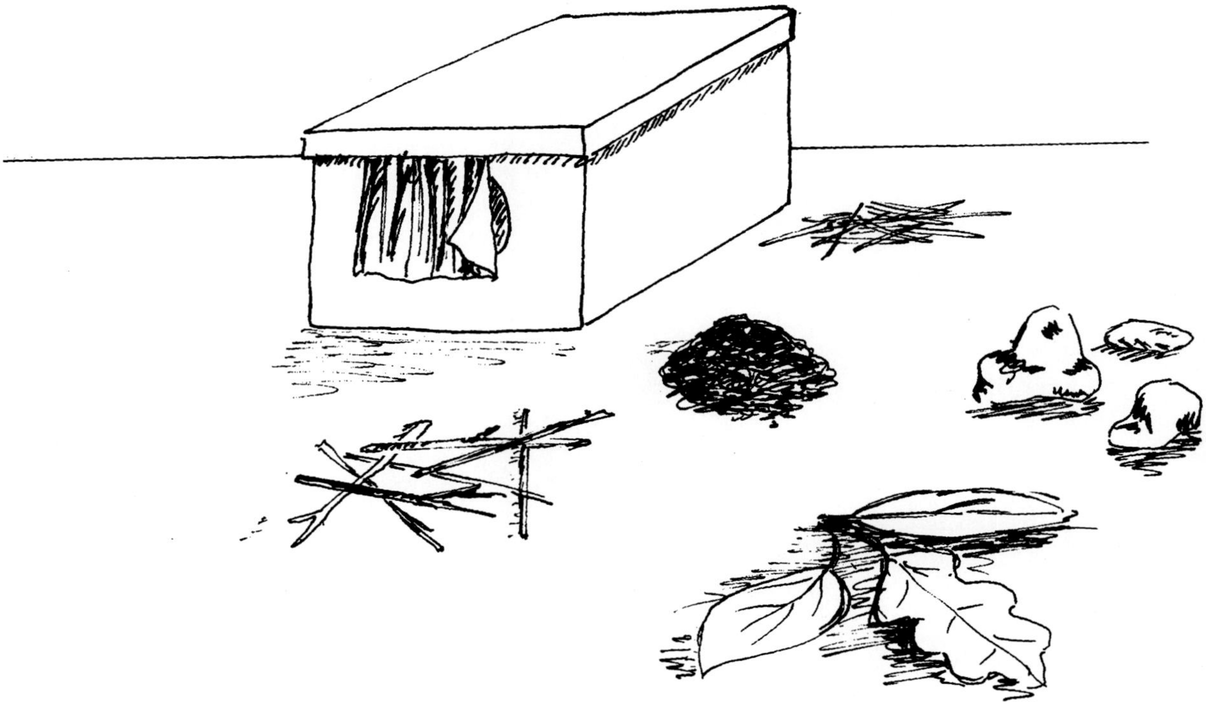

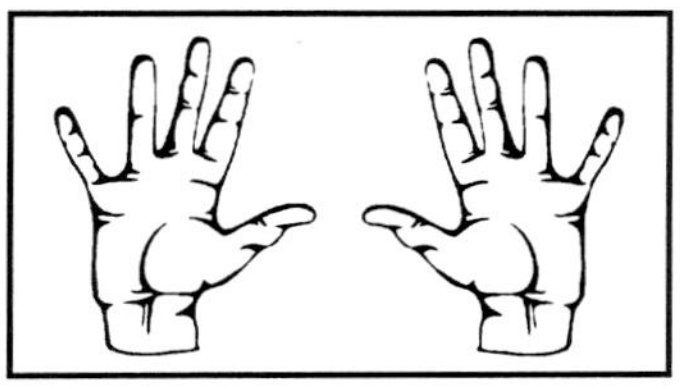

Warm und kalt – wie fühl ich das?

Was ihr braucht:

⇥ Kupferdrahtstücke (Durchmesser 1,5 mm, Länge 10 cm, an einem Ende isoliert), mehrere Gläschen mit Kältemischung (Eis, Salz, Wasser), mehrere Gläschen mit heißem Wasser (Bunsenbrenner), wasserlösliche Markierungsstifte, Schablonen 2 x 2 cm zum Markieren der Hautstellen

Wie es geht:

⇥ Stellt die Kupferdrahtstücke für ca. 5 Minuten in die jeweiligen Gläschen (Kältemischung bzw. heißes Wasser). Nach dieser Zeit hat der Kupferdraht die Temperatur angenommen. Auf der Haut der Versuchspersonen markiert ihr mit Hilfe der Schablone unterschiedliche Stellen. Nun setzt die Kupferdrahtstücke vorsichtig auf die Haut auf. So könnt ihr die **Wärmepunkte** und **Kältepunkte** der Haut bestimmen. Markiert mit den Filzstiften die Wärmepunkte rot und die Kältepunkte blau.

Die Drahtstücke solltet ihr nur an der Isolierung anfassen und häufig austauschen, da sie sonst recht schnell ihre Temperatur wechseln.

Mein Wärmesinn spielt verrückt!

Was ihr braucht:

⇥ pro Gruppe drei Fotoschalen oder andere Schalen mit kaltem Wasser (Eis-Wasser-Gemisch), lauwarmem Wasser (Leitungswasser) und warmem Wasser (Boiler/Bunsenbrenner), große Plastiktüten als Unterlage

Wie es geht:

⇥ **1.** Füllt in die drei Fotoschalen, die nebeneinander auf der Plastikunterlage stehen, das vorbereitete Wasser mit den unterschiedlichen Temperaturen. Messt dann zu Beginn des Versuchs mit Thermometern die Temperaturen in den drei Schalen und schreibt sie auf.

⇥ **2.** Bestimmt nun in eurer Gruppe eine Versuchsperson. Sie hält gleichzeitig die linke Hand in die Schale mit dem kalten Wasser und die rechte Hand in die Schale mit dem warmen Wasser. Die Hände verbleiben dort ca. 30 Sekunden. Danach werden beide Hände gleichzeitig in die Schale mit dem lauwarmen Leitungswasser gehalten. Die Empfindungen werden sofort von der Versuchsperson geschildert. Wiederholt den Versuch mehrfach mit anderen Versuchspersonen.

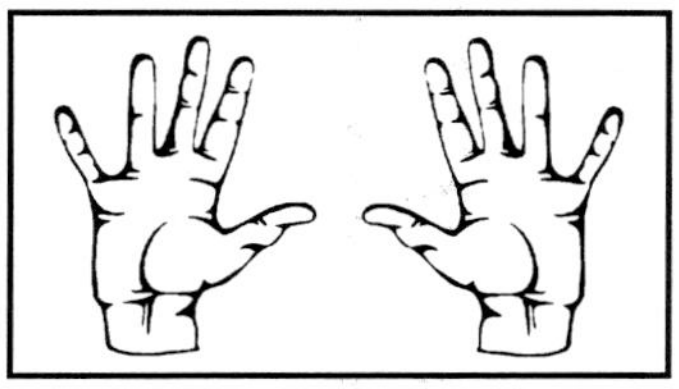

Gut umhüllt (1)

Wusstest du schon, dass sich deine Haut im Laufe deines Lebens unzählige Male erneuert? An der Oberhaut lösen sich die abgestorbenen Hautzellen als feine Schuppen. Nach dem Baden kannst du diese Schuppen besonders gut sehen.

Deine Haut ist eine perfekte Hülle. Sie umhüllt deinen Körper rundherum und bewahrt ihn so vor dem Austrocknen, aber auch vor Feuchtigkeit von außen. Ob du dick oder dünn bist, früher als Baby oder heute als Jugendlicher – deine Haut passt sich deiner jeweiligen Körperform und -größe an. Besonders die Lederhaut, die zwischen Ober- und Unterhaut liegt, macht deine Haut so elastisch. Das Unterhautgewebe rundet mit seinen unterschiedlich dicken Fettpolstern deine Körperform ab.

Die Haut regelt auch deine Körpertemperatur. Frierst du, dann verengen sich die Blutgefäße. Die Haut wird blass und die Oberfläche der Haut zieht sich zusammen. Das ist dann die berühmte Gänsehaut, die so wenig Wärme wie möglich nach außen abgibt.

Bei Hitze weiten sich die Äderchen, die Hautoberfläche ist groß. So wird die Hitze abgeleitet. Deine Haut ist dann rot und du schwitzt. Dafür sorgen die Schweißdrüsen. Der Schweiß verdunstet auf der Haut und dir wird kühl.

Mit dem Schweiß werden auch Stoffe ausgeschieden, die dein Körper nicht mehr braucht, und Stoffe, die den Säureschutzmantel der Haut bilden. Vorsicht: Durch allzu häufiges Duschen, Einseifen und Eincremen kannst du diesen natürlichen Schutzmantel zerstören.

Die Haut spürt alles

Die Haut ist dein größtes Sinnesorgan. In ihr sitzen kleine Sinneszellen, die das, was du fühlst, über die Nerven ans Gehirn melden. Da gibt es Drucklamellen, Wärme- und Kältekörperchen, Tastscheiben und unzählige Nervenendigungen, die den Schmerz melden. Sie alle sind durch Nervenfasern mit dem Gehirn verbunden. Gäbe es diese Außenpolizei nicht, wäre dein Organismus schutzlos den Gefahren von außen ausgeliefert.

Aufgaben:

1. Lies den Text mindestens zweimal durch und markiere wichtige Aussagen.

2. Welche Aufgaben und Funktionen übernimmt die menschliche Haut? Liste sie auf.

3. Ordne in der Abbildung auf der folgenden Seite die Begriffe zu und male die Schichten der Haut und die darin befindlichen Organe und Sinneszellen mit verschiedenfarbigen Buntstiften aus!

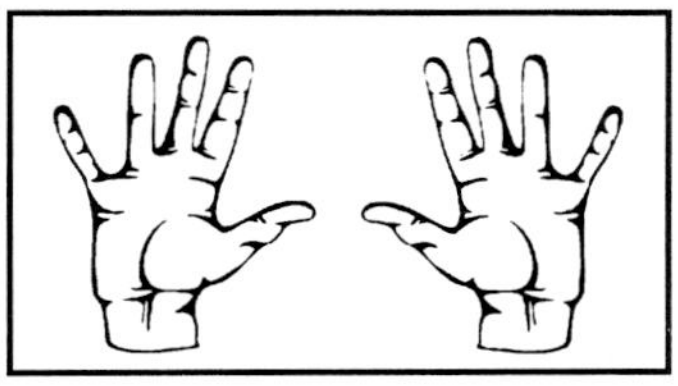

Gut umhüllt (2)

Ordne zu: Unterhaut, Haarwurzel, Schweißdrüse, Lederhaut, Haar, Oberhaut
Erkennst du noch andere Teile der menschlichen Haut?

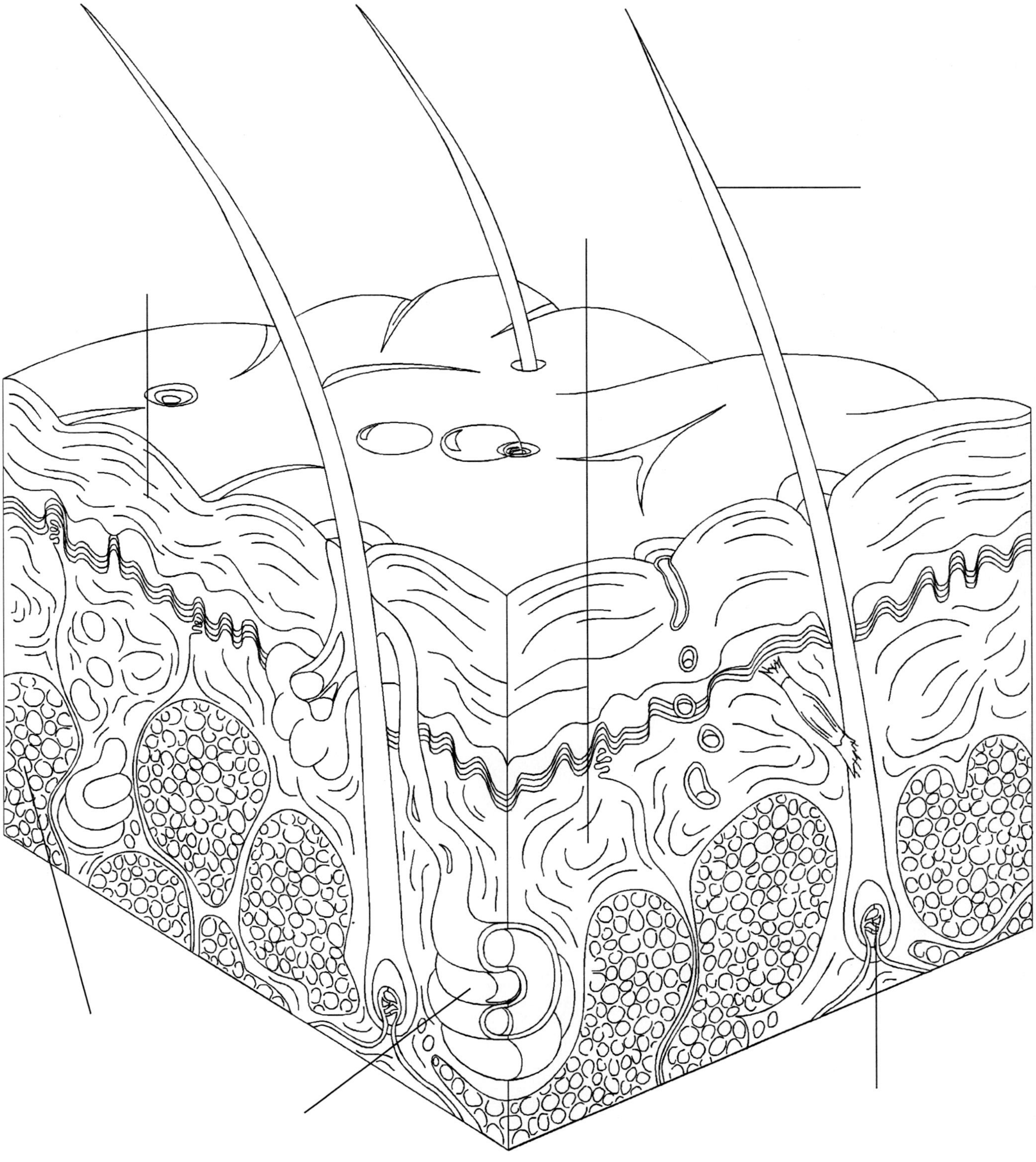

Schnüff, schnüff – was riecht denn da?

Was ihr braucht:

ca. 5 schwarze Filmdöschen pro Gruppe (gibt es kostenlos im Fotogeschäft); duftende und riechende Substanzen: z.B. ätherische Öle, frische Pfefferminze, Zitronenmelisse, Küchenzwiebel, Rosenblätter oder verschiedene Küchengewürze; Korkenzieher, Nagel oder anderen spitzen Gegenstand; Tesafilm; Watte

Wie es geht:

Stanzt oder bohrt mit dem spitzen Gegenstand ein kleines Loch in den Deckel des Filmdöschens. Füllt nun die unterschiedlich riechenden Materialien (Flüssigkeiten auf Watte träufeln) in jeweils ein Döschen. Verklebt die Löcher mit einem Streifen Tesafilm. Markiert jedes Röhrchen mit einer Zahl und schreibt Zahl sowie Inhalt auf ein Protokollblatt. (Achtung: Dieses Blatt sollten die Schülerinnen und Schüler aus den anderen Gruppen nicht lesen!)

Lasst die Schülerinnen und Schüler der Nachbargruppen jetzt an eurer Riechorgel riechen. Schüttelt dazu kurz vorher die Röhrchen und öffnet das Loch im Deckel. Für jeden richtig benannten Inhalt gibt es einen Wertungspunkt. So wird die beste „Schnüffelgruppe" bestimmt.

Ahh – das duftet!

Was ihr braucht:

⇒ Duftlampe (Duftstövchen), verschiedene Duftöle (natürliche Duftextrakte aus Bioläden oder Reformhäusern, z.T. synthetische Düfte aus Spezialgeschäften für Naturkosmetik)

Wie es geht:

⇒ Bildet mit allen Mitschülerinnen und Mitschülern einen großen Stuhlkreis um einen Arbeitstisch, der von jedem ca. 3 Meter entfernt ist. Auf dem Tisch steht ein Duftstövchen, in dem sich schon heißes Wasser befindet. Nun werden einige Tropfen Duftöl in das Wasser getropft. Wer den Duft zuerst wahrnimmt, soll sich melden und seine Duftwahrnehmung beschreiben. Alle anderen, die etwas gerochen haben, stellen ebenfalls ihre Wahrnehmungen dar. Berichtet, ob diese Duftwahrnehmung für euch angenehm oder unangenehm ist. Vergleicht verschiedene Düfte miteinander.

Zwischen den einzelnen Versuchen müsst ihr eure Klasse gründlich durchlüften.

Anregung

⇒ Vielleicht ist es für euch angenehm, während bestimmter Unterrichtsstunden die Duftlampe mit bestimmten ätherischen Ölen zu benutzen. Düfte können sehr beruhigend oder anregend wirken. Sprecht mit euren Lehrerinnen und Lehrern darüber!

Wie kommt der Duft zu mir?

Schreib doch mal eine Geschichte oder male einen Comic von der Abenteuerreise eines „Riechies" in eine (in deine?) menschliche Nase.
Denk daran: Es gibt nicht nur duftende Riechteilchen!

Wir haben die Nase voll!

→ Wusstest du, dass wir etwa 3000 unterschiedliche Gerüche unterscheiden können? Den Aromastoff Vanillin riechen wir noch, wenn in einem Liter Luft nur ein millionstel Gramm enthalten ist!

Wie aber nehmen wir einen Geruch wahr? „Gerüche" sind gasförmige Teilchen. Sie vermischen sich mit Luft, die ja auch gasförmig ist. Wir atmen sie durch die Nase ein. In den oberen Nasengängen streichen diese Aromastoffe an den Riechschleimhäuten vorbei: Dort reizen sie die Sinneszellen.
Über Nervenfasern werden die Geruchsinformationen ans Gehirn weitergeleitet. Nehmen wir einen Geruch nur schwach war, so schnüffeln wir. Dadurch kommen mehr Geruchsstoffe in unsere Nase.

„Es riecht nach Gefahr ..."

→ Gerüche stellten schon immer eine wichtige Informationsquelle für den Menschen dar. Unsere Urahnen spürten mit der Nase ihre Nahrung auf und erschnüffelten, ob sie genießbar war oder nicht. Gefährliche Tiere konnten anhand ihres Geruches schon früh erkannt werden.
ForscherInnen stellten darüber hinaus fest, dass die Geruchsinformationen in einen Gehirnteil geleitet werden, von dem auch unser Gedächtnis und unsere Gefühle gesteuert werden.
Wen wundern da noch solche Redewendungen: „Ich kann den Kerl nicht riechen!", „Es riecht nach Gefahr!" oder „Jetzt habe ich aber die Nase voll!".
Vielleicht ist dir auch Folgendes schon mal passiert: Jemand erzählt von einer wunderschönen Rose, du siehst sie vor deinem „geistigen Auge" und kannst sie gleichzeitig deutlich riechen. Oder du verbindest den Geruch eines bestimmten Fisches mit deinem letzten Griechenlandurlaub.
Dann hast du etwas vom so genannten „Geruchsgedächtnis" mitbekommen.

Fragen:

→ **1.** Auf welche Weise werden Gerüche wahrgenommen?

→ **2.** Umschreibe die drei Redewendungen aus dem Text mit deinen eigenen Worten. Fallen dir noch andere Redewendungen ein, in denen das Riechen (oder andere Sinne) eine Rolle spielen?

→ **3.** Was ist das Geruchsgedächtnis und welche Bedeutung hat es?

Schmecken – mit der Nase?

Was ihr braucht: ⇒ eine Taucherbrille mit schwarz beklebtem Sichtfenster, verschiedene Getränke (kalter Kamillentee, kalter Pfefferminztee, Orangensaft, Milch, Apfelsaft, Salzwasser, Zuckerwasser), verschiedene Nahrungsmittel (geriebene Zwiebeln, geriebene Äpfel, geriebene gekochte Kartoffeln), gleichartige Gefäße

Wie es geht: ⇒ Bestimmt in eurer Gruppe einen Versuchsleiter, einen Protokollanten und die Versuchsperson.
Die Versuchsperson muss die Taucherbrille mit der zugeklebten Sichtscheibe so aufsetzen, dass sie nichts sehen und riechen kann. Sie muss dicht sitzen!
Nun reicht der Versuchsleiter der Versuchsperson verschiedene Getränke und Nahrungsmittel zum Kosten. Dabei sollten vor allem die Getränke in gleichartige Gefäße gefüllt sein.
Die protokollierten Ergebnisse werden schließlich von den verschiedenen Gruppen vorgestellt und verglichen. Versucht Erklärungen für das Ergebnis des Gruppenversuchs zu finden.

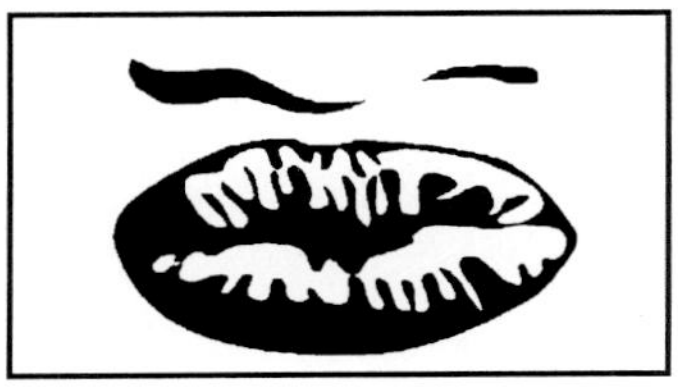

Auf den Geschmack gekommen

⇨ Kein Speiseeis könnte dich locken, keine Grillwürstchen könnten dich zur Party treiben, gäbe es da nicht diese Zunge mit ihren unzähligen Geschmacksknospen, die all diese verlockenden Geschmacksrichtungen über Nervenfasern dem Gehirn melden.

Die Zunge kann vier Geschmackssorten unterscheiden: süß, sauer, salzig und bitter. Alle weiteren Nuancen ergeben sich aus diesen vieren. Jede Geschmacksrichtung hat ihren eigenen Bereich auf der Zunge: Einen Dauerlutscher schleckst du am besten mit der Zungenspitze, denn dort befinden sich die Sinneszellen für den süßen Geschmack. Salziges nimmst du dagegen vor allem an den vorderen Zungenrändern wahr, Bitteres auf dem hinteren mittleren Teil der Zunge und Saures an den davorliegenden Rändern.

Der Geschmack entwickelt sich erst mit der Feuchtigkeit des Speichels. Mit ausgetrocknetem Munde könnte man nichts schmecken. Erst durch den Speichel können die Aromastoffe des Essens die etwa 9 000 Geschmacksknospen der Zunge reizen.

Die Geschmacksknospen für Bitteres reagieren am empfindlichsten. Sie sind in der Lage, an der Zungenwurzel einen Brechreiz zu verursachen, wenn etwas sehr bitter schmeckt: eine Vorsichtsmaßnahme des Körpers gegen Gifte, die häufig sehr bitter schmecken und dann sofort wieder aus dem Körper entfernt werden können.

Auch der Geruch spielt bei Geschmacksempfindungen eine Rolle. Viele Speisen schmecken fad, wenn man sich die Nase zuhält.

Aufgaben:

⇨ **1.** Ordne den verschiedenen Punkten in der Abbildung die Geschmacksbereiche „süß", „sauer", „salzig" und „bitter" zu.

⇨ **2.** Warum können wir mit trockenem Mund nichts schmecken?

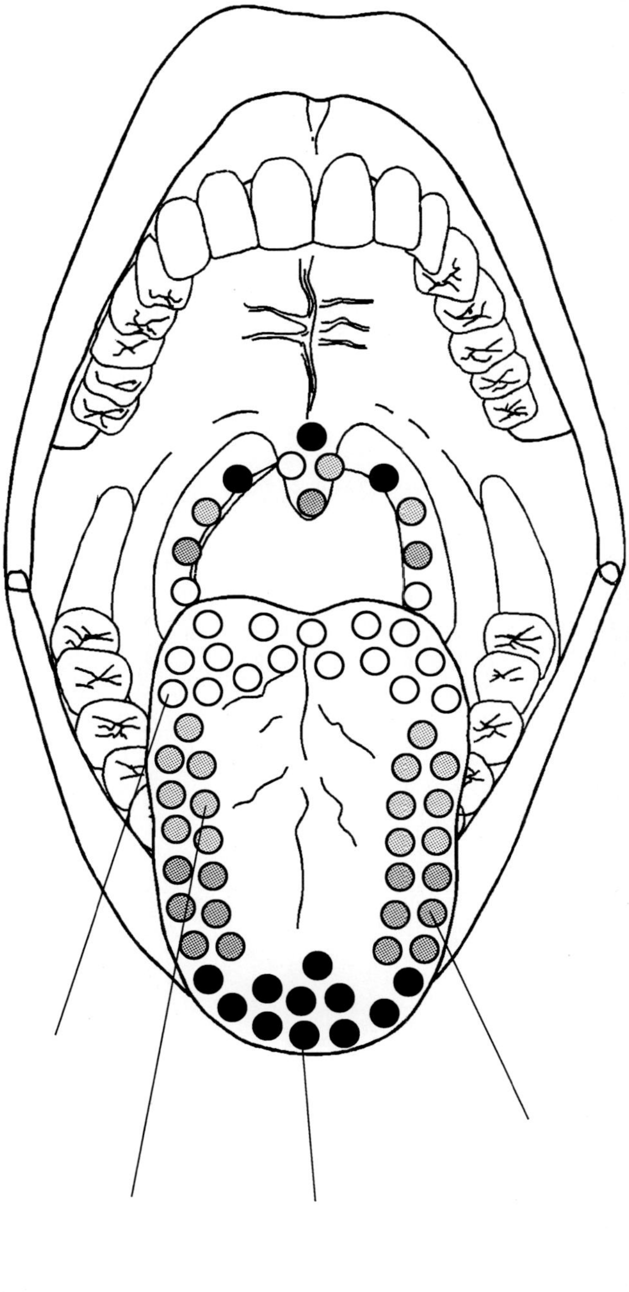

□ □ □ □ □ □ □ □ □ □ □ □ □ Gruppen **versuch**

Beobachten von Regenwürmern

Was ihr braucht: ⇥ Regenwürmer, die ihr im Garten von Eltern oder Bekannten ausgraben könnt (beim Graben die Würmer nicht verletzen!), Lupe, Binokular, Petrischalen, ein großes Stück Filterpapier

Wie es geht: ⇥ Setzt den Regenwurm auf das Filterpapier und beobachtet, wie sich der Regenwurm fortbewegt. Versucht die Bewegung des Wurmes kurz zu beschreiben. Seid ganz still und horcht, ob ihr irgendwelche Geräusche dabei wahrnehmen könnt.
Stellt auf einer Tapete eine große Zeichnung von eurem Regenwurm her. Gebt ihm einen Namen!
Legt den Wurm nun vorsichtig in eine Petrischale. Beobachtet seinen Körper genauer! Benutzt dazu die Lupe.
Anschließend könnt ihr das Binokular benutzen, das noch mehr Einzelheiten des Wurmes sichtbar macht.

Denkt bei allen euren Untersuchungen daran, dass es sich um ein lebendes Tier handelt, mit dem ihr vorsichtig und rücksichtsvoll umgehen müsst.

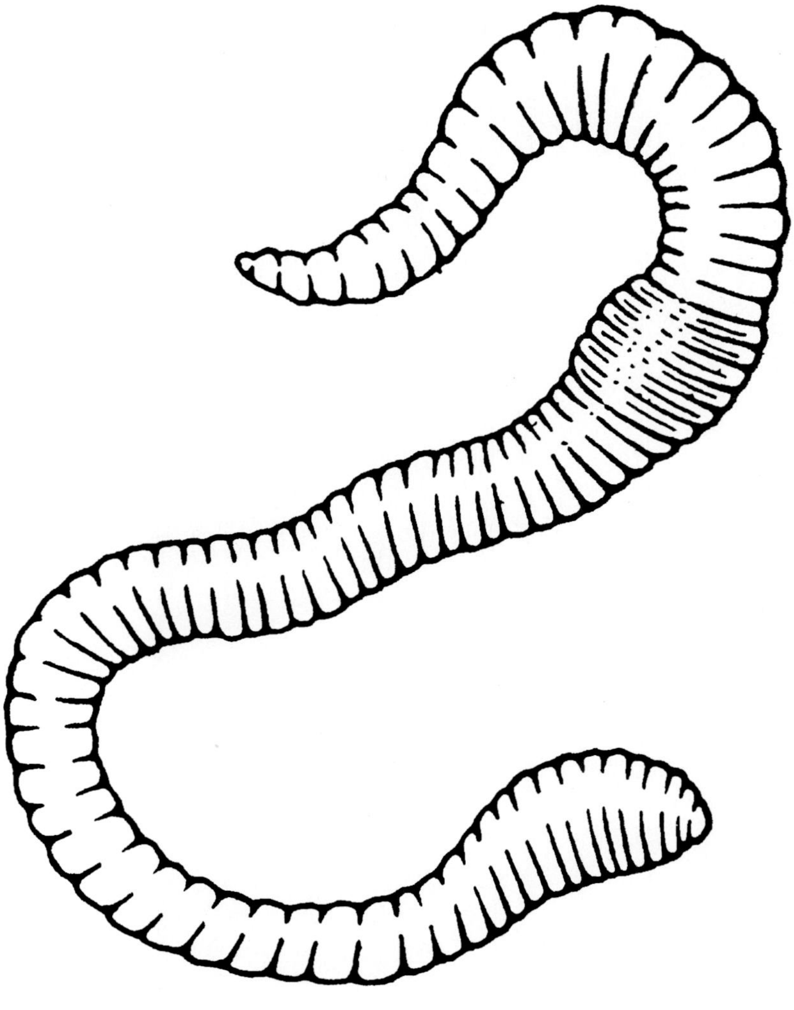

Versuche an Regenwürmern

Was ihr braucht:

→ Regenwürmer, selbst hergestellte Tastborsten, Haushaltschemikalien (Essig, Öl, Kochsalz, Mondamin, Zucker, Wasser usw.), Wattestäbchen, Unterlagen aus Kunststoff, Reagenzgläser, schwarze Pappe, starke Lichtquelle

Wie es geht:

→ **1. Versuche mit Tastborsten**

Untersucht den Tastsinn eurer Würmer mit den von euch hergestellten Tastborsten. Betupft hierzu verschiedene Körperregionen (Mund, Kopf, Körper, Hinterende) vorsichtig mit der Tastborste und beobachtet die Reaktion der Regenwürmer. Schreibt eure Beobachtungen auf.

→ **2. Versuche mit Haushaltschemikalien**

Mit den Haushaltschemikalien könnt ihr den Geruchs– bzw. Geschmackssinn eurer Würmer untersuchen. Dazu bringt ihr vor dem Wurm mit einem Wattestäbchen halbkreisförmig die Haushaltschemikalie auf die Unterlage auf. Die Reaktionen eures Wurms müsst ihr genau beobachten und anschließend aufschreiben. Pro Haushaltschemikalie macht ihr einen Versuch. Tragt alle Ergebnisse anschließend in einer Tabelle zusammen. Vorsicht beim Umgang mit Kochsalz, da die Tiere sehr heftig reagieren.
Nach den Versuchen müsst ihr die Tiere unbedingt mit Wasser abspülen und anschließend in ihren Kasten setzen!

→ **3. Versuche mit Licht**

Den optischen Sinn eurer Würmer könnt ihr untersuchen, wenn ihr einen Wurm vorsichtig in ein großes Reagenzglas schiebt. Deckt nun die Hälfte des Glases, in der sich der Wurm nicht befindet, mit einer schwarzen Papphülse ab. Beleuchtet das waagerecht liegende Glasrohr nun mit einer starken Lichtquelle. Beobachtet das Verhalten des Regenwurms genau. Wiederholt den Versuch mehrfach und schreibt das Ergebnis zu den bisherigen Beobachtungen.

☐ ☐ ☐ ☐ ☐ ☐ ☐ ☐ ☐ ☐ ☐ ☐ ☐ **Gruppenversuch**

Beobachten von Bänderschnecken

Was ihr braucht:

⇥ Bänderschnecken, die ihr in feuchten Brennnessel- oder Distelgestrüppen finden könnt. Sie sind leicht an ihrer gelbbraungebänderten Schale zu erkennen! Haltet sie in großen Kunststoff-Aquarien, in die ihr Blätter und frisches Gras legt. Verseht die Aquarien mit einem Deckel mit Luftlöchern. Lupe, Binokular, Petrischalen, Filterpapier, durchsichtige Plastikscheibe.

Wie es geht:

⇥ Setzt die Schnecke auf die durchsichtige Kunststoffscheibe und beobachtet, wie sich die Schnecke fortbewegt. Dreht die Scheibe auch um und beobachtet die Bewegungen des Fußes. Versucht die Bewegungen der Schnecke zu beschreiben.
Setzt die Schnecke nun auf ein Stück Filterpapier. Was könnt ihr beobachten?
Zeichnet auf einer Tapete ein großes Bild von eurer Schnecke. Gebt ihr einen Namen! Setzt die Schnecke nun vorsichtig in eine Petrischale. Beobachtet ihren Körper mit der Lupe genauer!
Anschließend könnt ihr ein Binokular benutzen, das noch mehr Einzelheiten der Schnecke sichtbar macht.

Denkt bei allen euren Untersuchungen daran, dass es sich um ein lebendes Tier handelt, mit dem ihr vorsichtig umgehen müsst.

Versuche an Bänderschnecken

Was ihr braucht: Bänderschnecken, selbst hergestellte Tastborsten, Haushaltschemikalien (Essig, Öl, Kochsalz, Mondamin, Zucker, Wasser usw.), Wattestäbchen, Unterlagen aus Kunststoff

Wie es geht: **1. Versuche mit Tastborsten**
Untersucht den Tastsinn eurer Schnecken mit den von euch hergestellten Tastborsten. Betupft hierzu verschieden Körperregionen (Mund, Kopf, Fühler, Körper, Hinterende) vorsichtig mit der Tastborste und beobachtet die Reaktion der Schnecken. Schreibt eure Beobachtungen auf.

2. Versuche mit Haushaltschemikalien
Mit den Haushaltschemikalien könnt ihr den Geruchs- bzw. Geschmackssinn eurer Schnecken untersuchen. Dazu bringt ihr vor der Schnecke mit einem Wattestäbchen halbkreisförmig die Haushaltschemikalie auf die Unterlage auf. Die Reaktionen eurer Schnecke müsst ihr genau beobachten und anschließend aufschreiben. Pro Haushaltschemikalie macht ihr einen Versuch. Tragt alle Ergebnisse anschließend in einer Tabelle zusammen. Vorsicht beim Umgang mit Kochsalz, da die Tiere sehr heftig reagieren.
Nach den Versuchen müsst ihr die Tiere unbedingt mit Wasser abspülen und anschließend in ihr Aquarium setzen!

Anmerkung: Zurückgezogene Schnecken könnt ihr schnell mit einigen Tropfen Wasser auf die Gehäuseöffnung „wecken".

Das Schneckenrennen

Was ihr braucht: mehrere Bänderschnecken, Unterlagen aus Kunststoff, Stoppuhr

Wie es geht: Zeichnet auf die Unterlage eine Start- und eine Ziellinie. Der Abstand der Linien sollte nicht größer als 10 cm sein. Baut an den Seiten Planken aus Linealen auf, damit die Schnecken nicht „ausbrechen" können. Setzt nun mehrere Schnecken (pro Gruppenmitglied eine) an die Startlinie und beginnt das Rennen! Merkt euch eure Schnecke!
Was passiert nun alles? Welche Schnecke gewinnt? Wie lange dauert das Rennen? (Messt die Zeit mit einer Stoppuhr.)

Anmerkung: Mit Wasserspuren könnt ihr die Schnecken eventuell leiten. Weit zurückbleibende Schnecken können wieder mit einigen Wassertropfen „geweckt" werden.

Die Sinnpflanze (1)

Was ihr braucht: ⇥ mehrere „ausgeruhte" Mimosen, selbst hergestellte Tastborsten, eine Stoppuhr, Nadeln oder härtere Borsten

Wie es geht: ⇥ Schaut eure Pflanze genau an! Fallen euch Besonderheiten auf? Nehmt nun eure selbst hergestellten Tastborsten und berührt die Pflanze sehr sachte an verschiedenen Stellen (Blattspitzen, Haare, Gelenkpolster, Blattstiele). Was könnt ihr beobachten?
Wiederholt die Versuche nun mit gröberen Gegenständen (Nadeln, Borsten, Stifte).
Wiederholt die Versuche nun an Pflanzen, die euer Lehrer oder eure Lehrerin längere Zeit an Orten mit unterschiedlicher Temperatur gehalten hat. Könnt ihr Unterschiede bei den Reaktionen der im Kalten oder im Warmen gehaltenen Pflanzen beobachten?

Anmerkung: ⇥ Geht bitte sehr vorsichtig mit euren „Sinnpflanzen" um! Setzt sie behutsam auf den Tisch und rüttelt sie nicht, sonst könnt ihr bei den Versuchen nichts beobachten.

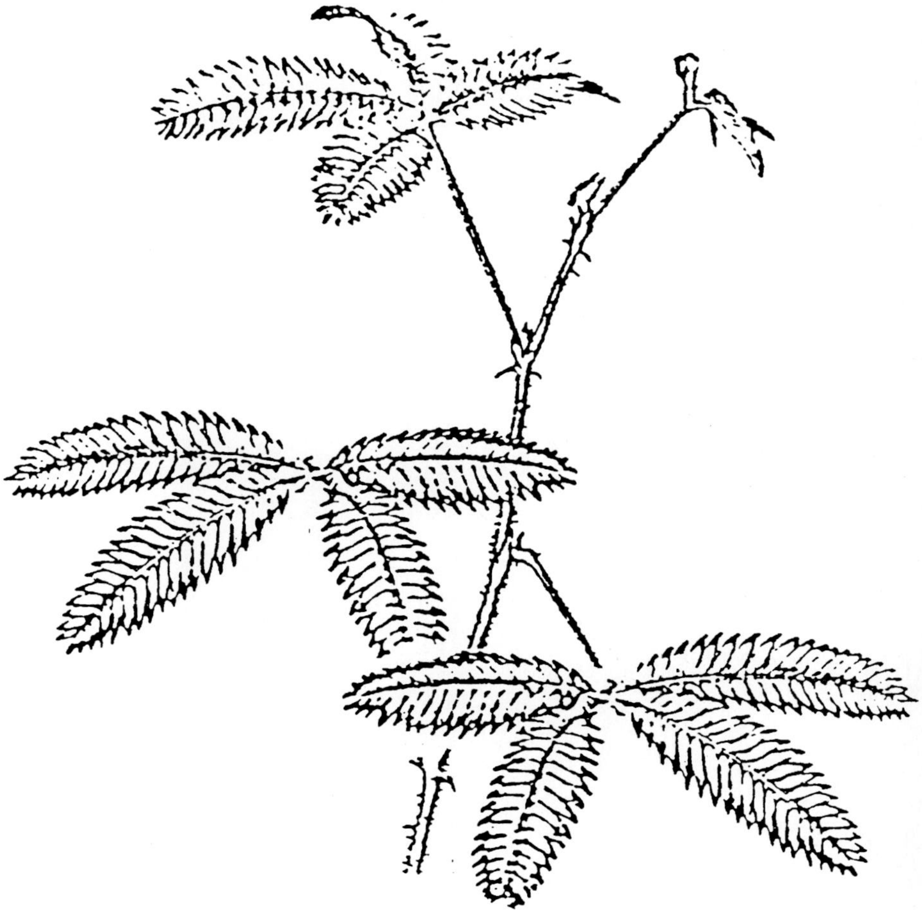

Die Sinnpflanze (2)

Was ihr braucht: ⇥ mehrere „ausgeruhte" Mimosen, ein Lineal, eine Stoppuhr, Streichhölzer, eine feine Schere

Wie es geht: ⇥ Versengt mit einer kleinen Flamme (Vorsicht!) die äußerste Spitze eines Blattes. Beobachtet und beschreibt die Reaktionen der Pflanze nach der Verletzung.

1. Wie schnell reagieren die anderen Fiederblättchen?
2. Wie lange dauert es, bis der Reiz die anderen Blätter erfasst hat?
3. Wie breitet sich der Reiz innerhalb der gesamten Pflanze aus?

Mit einem Lineal könnt ihr die Wegstrecke und mit einer Stoppuhr die Zeit der Reaktion bestimmen. Daraus lässt sich dann die Reizleitungsgeschwindigkeit berechnen (Weg : Zeit = Geschwindigkeit).

Anmerkung: ⇥ Ihr könnt die Verletzungsreaktion auch durch Abschneiden einer Blattspitze auslösen.

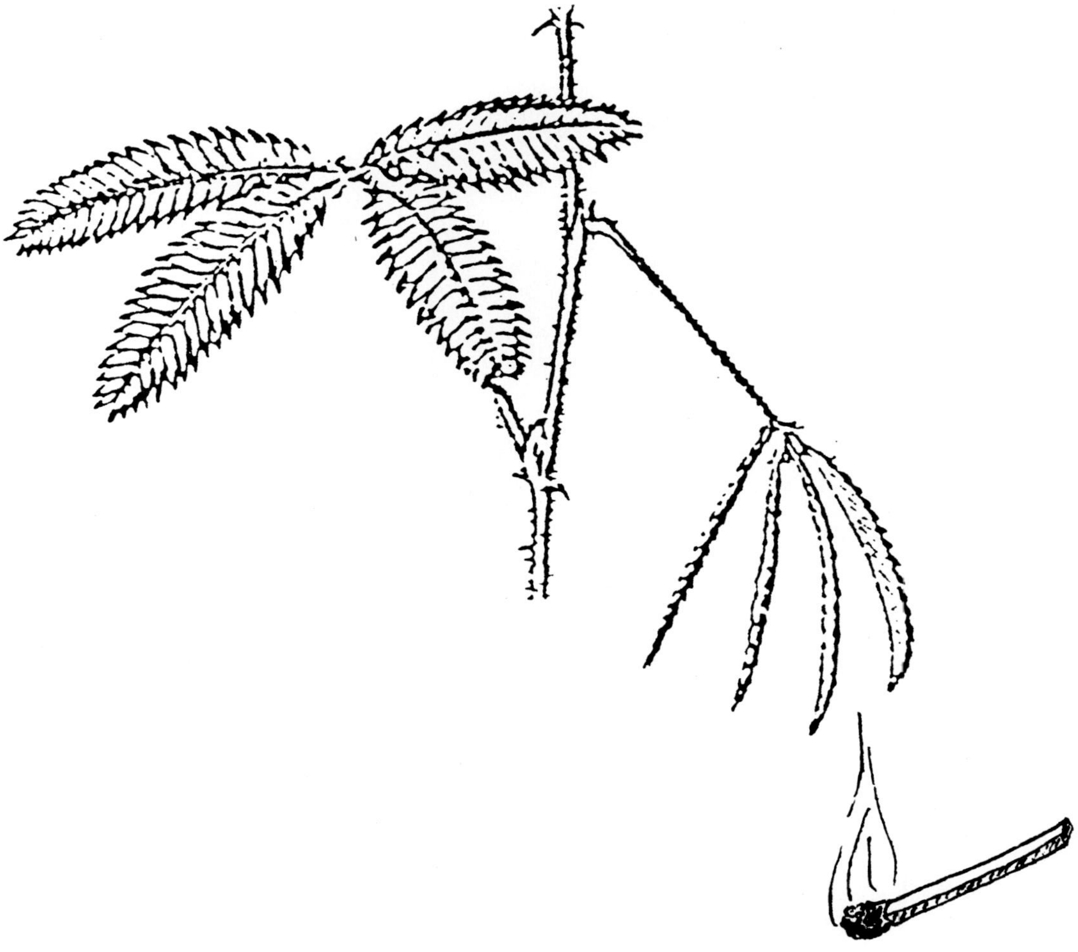

Der Geräuschesack

Was ihr braucht: den Geräuschesack, den euer Lehrer oder eure Lehrerin prall gefüllt hat

Wie es geht: Greift nacheinander in den Geräuschesack und probiert jeweils einen der folgenden Versuche aus. Teilt eurer Gruppe genau mit, was ihr bei dem Versuch spürt, seht und hört.

Summe oder singe ein Lied. Lege dabei deine Finger auf deinen Kehlkopf und teste, ob du etwas spürst!

Umwickle den **Kamm** mit einer Schicht **Butterbrotpapier**. Halte ihn an die Lippen und versuche, damit Geräusche zu erzeugen. Was spürst du an den Lippen?

Versuche mit dem **Gummiband** Töne zu erzeugen. Was spürst, siehst und hörst du?

Schlage verschiedene **Stimmgabeln** an und berühre ihre Spitzen. Was merkst du?

Nimm den ca. 1 m langen **Gummi-** oder **Kunststoffschlauch** und gehe damit auf den Schulhof. Schwinge ihn wie ein Lasso über dem Kopf. Was passiert?

Bau Dir aus dem **Holzstab** und der **Schnur** eine Peitsche. Gehe damit auf den Schulhof und lasse sie knallen. Wie musst du sie schlagen?

Lege deine Fingerspitzen auf die Membran eines Lautsprechers, während Musik erklingt. Was spürst du?

Vielleicht fallen dir noch weitere Geräuscheversuche mit den Gegenständen ein, die du austesten möchtest. Viel Spaß dabei!

Aufgabe: Schreibe auf, welche Gemeinsamkeiten ihr bei den Versuchen beobachten konntet. Was kannst du nun zur Entstehung von Tönen sagen?

□ □ □ □ □ □ □ □ □ □ □ □ □ □ Einzelversuch

Das schwingende Lineal

Was ihr braucht:

⇥ ein ca. 30 cm langes Kunststofflineal und eine feste Unterlage, z.B. einen Tisch

Wie es geht:

⇥ Drücke das Lineal so auf die Tischplatte, dass es mit einer Seite über die Kante ragt. Zupfe es mit der anderen Hand so an, dass dabei Töne entstehen.

1. Erzeuge tiefe und hohe Töne.
2. Beschreibe, wie du diese unterschiedlichen Töne erzeugen konntest.
3. Beobachte, wie das Lineal bei hohen Tönen und wie das Lineal bei tiefen Tönen schwingt!

⇥ Lassen sich auch mit anderen Gegenständen – z.B. mit denen aus dem Geräuschesack – hohe und tiefe Töne erzeugen?
Kann man ebenfalls die Schwingungen beobachten?
Probiere es aus!

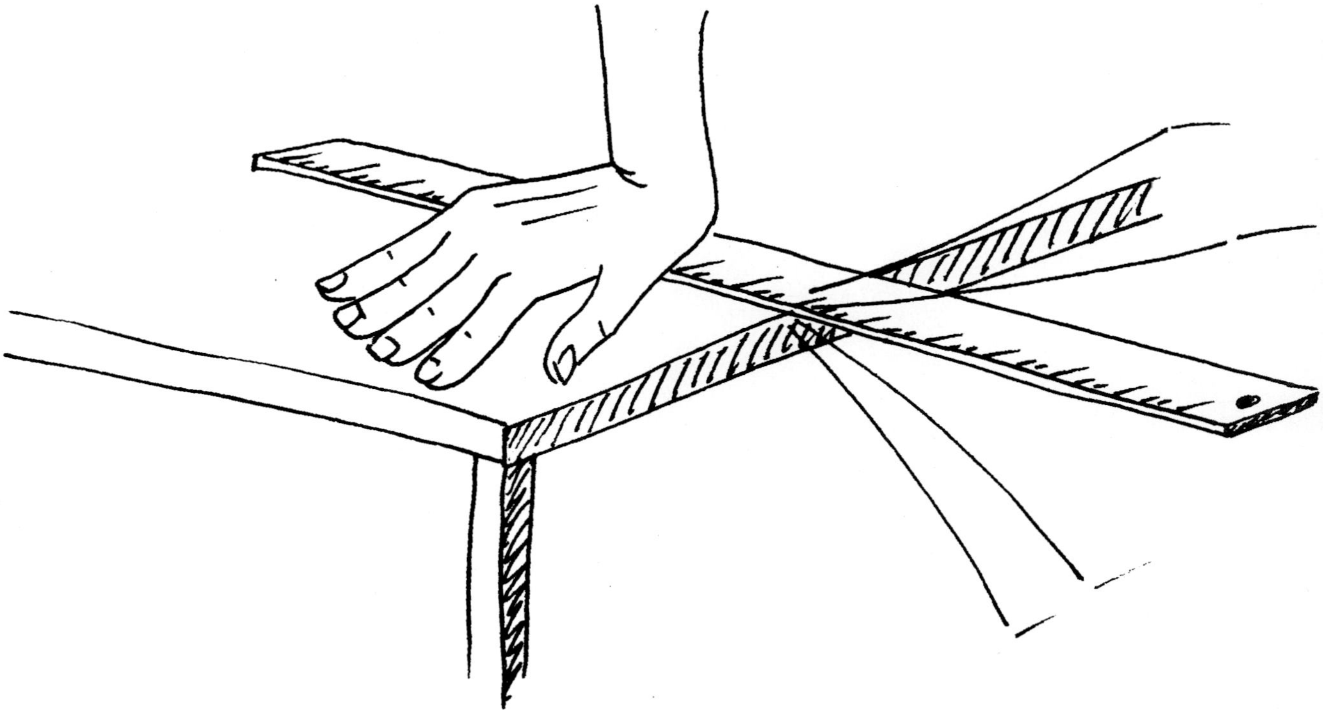

Kann man Töne sehen?

Was ihr braucht:

⇥ Schreibstimmgabel (100 Hz), Glasplatte, Kerze, Tageslichtschreiber

Wie es geht:

⇥ **1.** Schwärze die Glasplatte mit dem Ruß der Kerze.

2. Lege die geschwärzte Glasplatte mit der Rußschicht nach oben auf den Tageslichtschreiber.

3. Schlage die Stimmgabel kräftig mit dem Gummischlegel an und ziehe sie dann schnell und gleichmäßig mit der Schreiberspitze über die Rußfläche.

4. Projiziere das entstandene Bild an die Wand.
Betrachtet es nun in der ganzen Gruppe.

5. Zeichnet das entstandene Ton-Bild auf dieses Blatt. Was fällt besonders auf?

Tonbild:

Töne brauchen Zeit

Was ihr braucht: mehrere Stoppuhren, Starterklappe, sehr langes Maßband und zwei Markierungsstangen aus der Sporthalle

Wie es geht: Für diesen Versuch benötigt ihr ein großes, freies Feld, auf dem ihr eine Teststrecke von ca. 330 m Länge ausmessen könnt.

1. Markiert Start- und Zielpunkt der Teststrecke mit den Stangen.

2. Bildet zwei Gruppen. Die eine Gruppe ist die „Startergruppe" mit der Starterklappe. Sie geht zum Startpunkt. Die andere ist die „Meßgruppe" mit den Stoppuhren. Sie befindet sich am Zielpunkt.

3. Ein Schüler oder eine Schülerin aus der Startergruppe schlägt auf ein vereinbartes Zeichen die Starterklappe zusammen. In der Meßgruppe werden genau in diesem Moment die Stoppuhren gestartet. Sobald ihr den „Startschuss" hört, werden die Uhren wieder gestoppt. Wiederholt den Versuch mehrmals und notiert jedes Mal die genaue Zeit auf den Stoppuhren. Welche Schallgeschwindigkeit ermittelt ihr für die Strecke von 330 m?

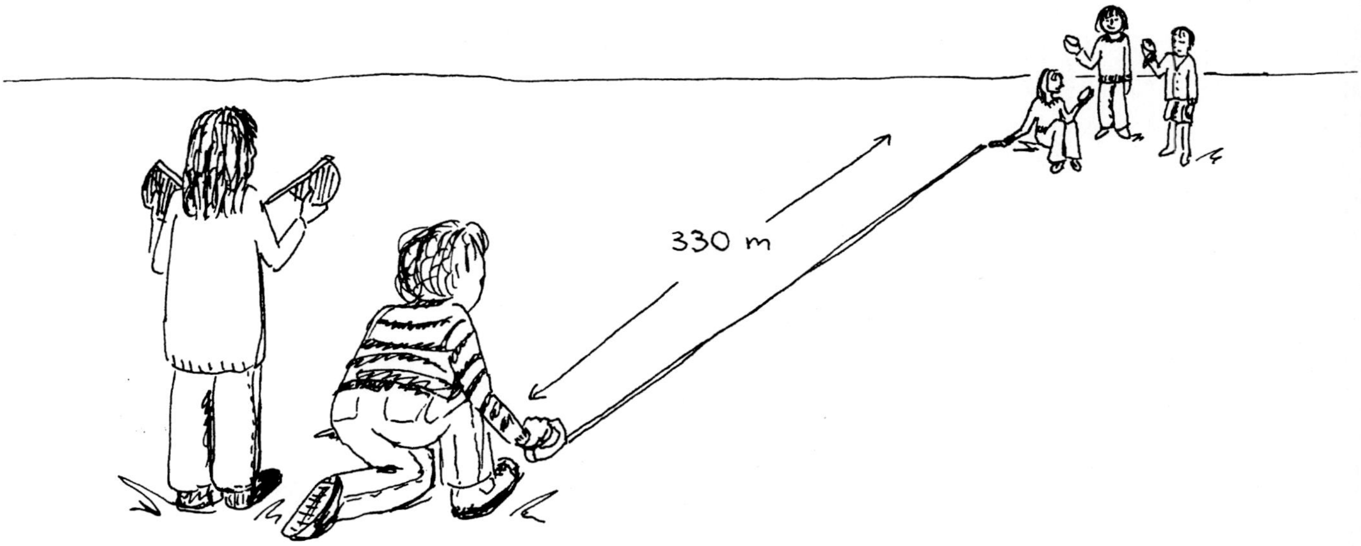

Für Schnelldenker: Du siehst bei einem Gewitter, wie ein Blitz einschlägt. Sechs Sekunden später hörst du den Donner. Wie weit ist das Gewitter (der Blitzeinschlag) entfernt?

Das Schnurtelefon

Was ihr braucht: jeweils zwei Joghurtbecher, eine Drachenschnur (mindestens 50 m), Streichhölzer, Nadel

Wie es geht: **1.** Stecht mit der Nadel in den Boden der Joghurtbecher ein feines Loch. Fädelt die Schnur durch das Loch und knotet jeweils am Ende der Schnur ein Streichholz fest an (wie in der oberen Zeichnung). Anschließend zieht die Schnur wieder stramm in den Becher zurück. Ist auf jeder Seite der Schnur ein Becher befestigt, so ist das Schnurtelefon fertig.

2. Zum Telefonieren geht ihr am besten auf den Schulhof. Dabei müsst ihr darauf achten, dass die Schnur zwischen den beiden Bechern (jeweils Hörer und Sprechapparat) stramm gespannt ist und keine anderen Gegenstände berührt. Gute Unterhaltung!

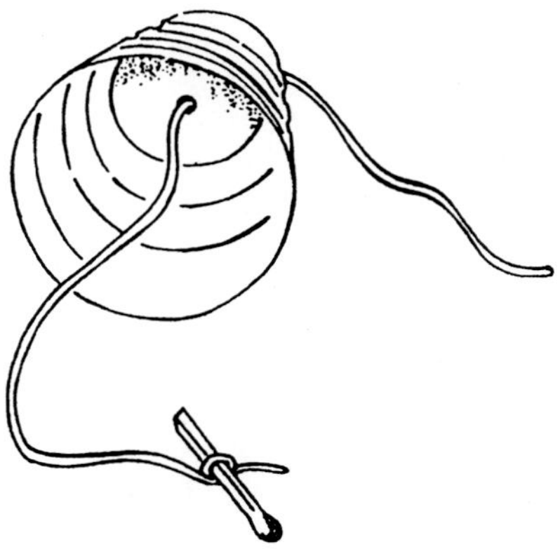

Die Lauscher auf Empfang ...

⇥ Stell Dir vor, du hättest keine Ohren. Es wäre still, grenzenlos still um dich herum: keine Stimmen, keine Musik, kein Straßenlärm und kein Vogelgesang.

Hören heißt: Schall aufnehmen und auswerten. Ähnlich wie Wasserwellen, die sich auf der Wasseroberfläche kreisförmig ausbreiten, wenn du einen Stein ins Wasser wirfst, breitet sich der Schall durch Druckwellen in der Luft aus.

Die Schallwellen treffen auf die Ohrmuschel, die wie ein Trichter wirkt. Je größer die Muschel ist, desto mehr Schallwellen kann der Mensch aufnehmen, desto besser kann er also hören. Willst du besonders gut hören, so legst du eine Hand hinter dein Ohr, um die Muschel zu vergrößern.

Die Schallwellen durchwandern den Gehörgang und treffen aufs Trommelfell, ein elastisches Häutchen von 1/10 Millimeter Dicke. Sie bringen es in Schwingungen. Diese Schwingungen werden nun im Mittelohr durch drei winzige Knöchelchen, den Hammer, den Amboss und den Steigbügel, zum Innenohr weitergeleitet und verstärkt. Der Steigbügel hat zu einem Häutchen, dem „ovalen Fenster", Kontakt. Es trennt das Mittelohr vom Innenohr. Hinter dem ovalen Fenster befindet sich das eigentliche Hörorgan, die Schnecke. Sie ist mit Flüssigkeit gefüllt. Die Schallwellen durchwandern diese Flüssigkeit und streifen an den unzähligen Hörsinneszellen vorbei. Von diesen Sinneszellen aus leiten Nervenzellen die Hörempfindungen zum Gehirn. So kannst du hören!

Aufgaben:

⇥ **1.** Beschreibe zusammenfassend den Hörvorgang. Gehe dabei „von Station zu Station".

⇥ **2.** Informiere dich anhand von Büchern und Modellen genauer über den Aufbau des menschlichen Ohres.

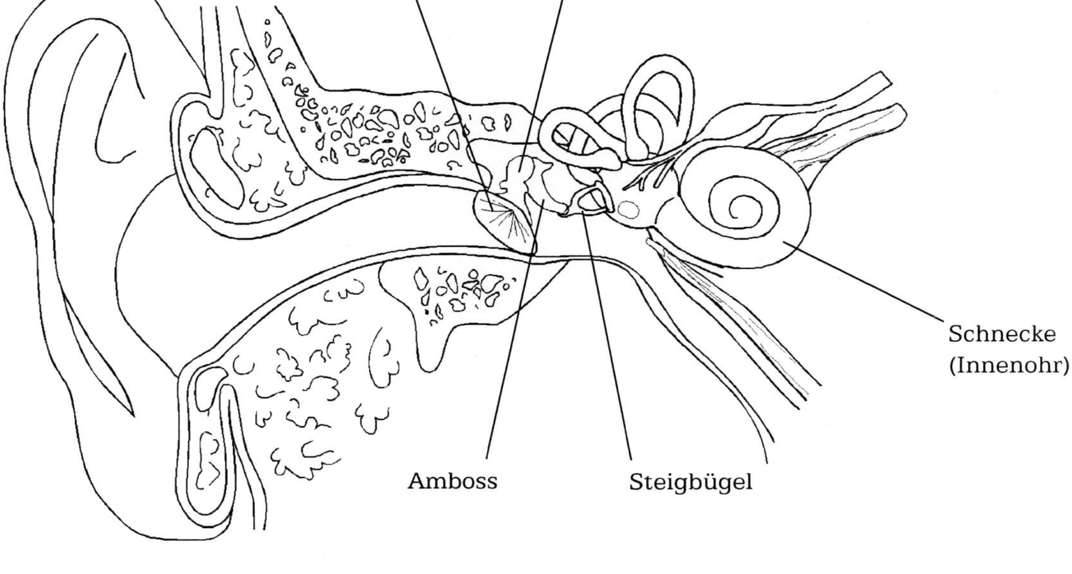

Blindes Hören

Spiel 1:

Wer war das?
Die gesamte Klasse bildet einen großen Stuhlkreis. Ein Schüler oder eine Schülerin stellt sich mit verbundenen Augen in die Mitte des Kreises. Der Lehrer oder ein Schüler zeigt nun mit seinem Finger auf eine Person, die dann zweimal kurz in die Hände klatscht. Das „Versuchskaninchen" zeigt mit der Hand auf die Person, die es als Schallquelle vermutet.

Spiel 2:

Ich laufe dir nach!
Eine Schülerin oder ein Schüler steht mit verbundenen Augen in der Mitte des Klassenraumes. Ein weiterer Schüler soll die Versuchsperson nun sicher durch die Klasse geleiten, indem er durch Klatschgeräusche den richtigen Weg um Tische und Stühle weist. Das „Versuchskaninchen" soll sich nur anhand der Geräusche orientieren.

Variante:

Warum haben wir zwei Ohren?
Die Spiele 1 und 2 werden wiederholt, jedoch wird nun ein Ohr mit einem Gehörschutz (einseitiger Kopfhörer, Ohrschutz, Finger) verschlossen.

Aufgabe: Beobachtet genau das Verhalten der Versuchspersonen und beschreibt ihre Verhaltensweisen in der anschließenden Gesprächsrunde.

Es klopft! Von wo?

Was ihr braucht: ⇥ einen ca. 2 m langen Gummischlauch, zwei Kunststofftrichter und ein Klopfholz

Wie es geht: ⇥ **1.** Mache genau in der Mitte des Schlauches mit einem Filzstift einen deutlichen Markierungsstrich. Nun steckst du die Trichter auf die Enden des Schlauches. Lege anschließend den Schlauch hinter deinen Rücken und halte die Trichter auf die Ohren.

2. Dein Partner oder deine Partnerin klopft nun mit einem Holz oder einem Bleistift auf verschiedene Stellen des Schlauches.

3. Sag ihm oder ihr jeweils, ob das Geräusch von rechts, von links oder aus der Mitte kommt.

4. Dein Partner oder deine Partnerin markiert die Stelle, die du als Mitte empfindest. Wie weit ist diese Stelle von der wirklichen Mitte entfernt? Miss es aus.

Hinweis: ⇥ Weicht dein Wert von der wirklichen Mitte um mehr als 10–15 cm ab, so solltest du zum Ohrenarzt gehen. Vielleicht behindert ein Pfropf aus Ohrenschmalz deine Hörfähigkeit.

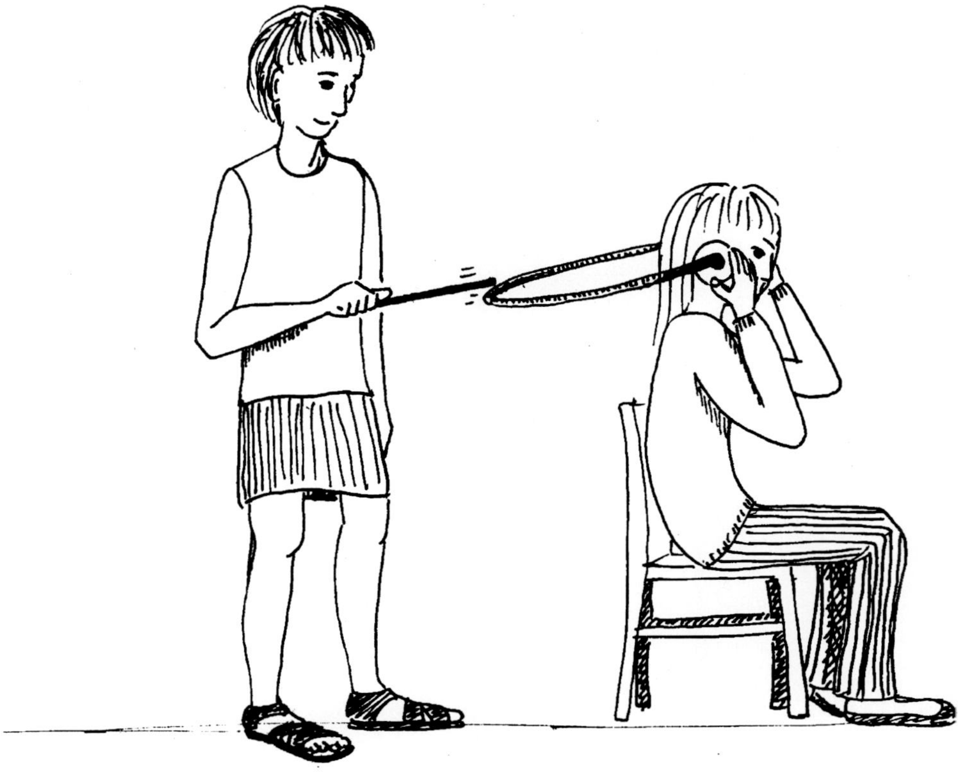

Lärmkarte der Schule

Was ihr braucht: ⇥ Schallpegelmessgerät, Grundrisskarte der Schule, Farbstifte

Wie es geht: ⇥ Geht mit eurer Gruppe zu verschieden Zeiten (Pause, Unterricht) durch die Schule und messt an verschiedenen Orten (Klassenraum, Flur, Schulhof, Verwaltung, Spielbereich usw.) die auftretenden Lautstärken. Haltet diese Daten in einer vorbereiteten Tabelle fest und übertragt die Werte in die Grundrisskarte der Schule. Einigt euch vorher mit den anderen Gruppen auf die Farben, die ihr für bestimmte Lautstärkestufen – z.B. 20–29 oder 30–39 dB(A) – benutzen wollt.

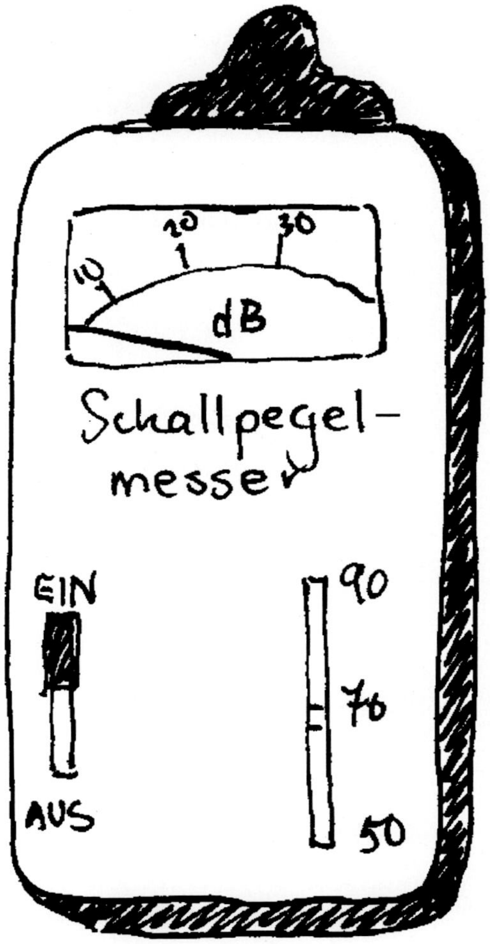

Im Dunkeln lesen ... aber wie?

Was ihr braucht:

➔ eine Taschenlampe, die ihr von zu Hause mitbringen solltet, einen Lesetext

Wie es geht:

➔ Den hier beschriebenen Versuch müsst ihr im absolut verdunkelten Klassenraum durchführen.
In eurer Gruppe stellt ihr die Taschenlampe so auf den Tisch, dass sie senkrecht zur Decke leuchtet. Die Stellung der Taschenlampe dürft ihr nun nicht mehr verändern. Ein Lesetext wird auf die Tischplatte gelegt und muss ebenfalls an seinem Platz liegen bleiben. Wer schafft es, den Text vorzulesen? Hilfsmittel sind erlaubt!

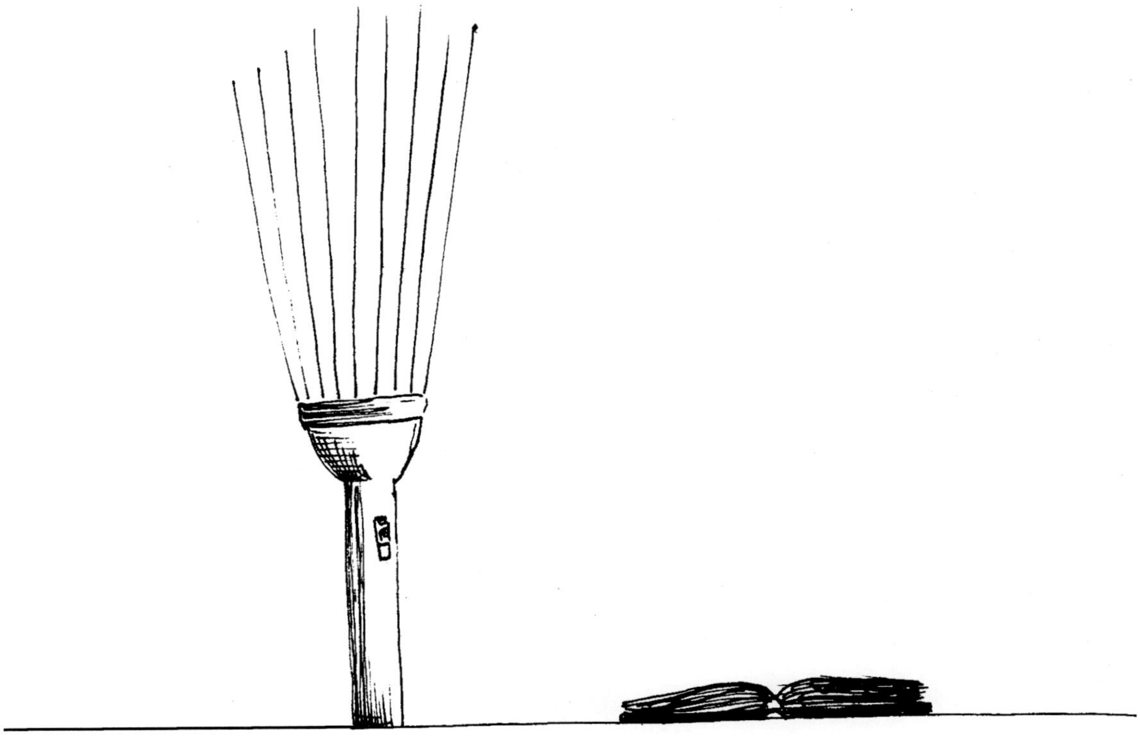

Spiele mit Linsen

Was ihr braucht: ⇥ Verschiedene Sammellinsen (beide Seiten nach außen gewölbt), die ihr euch beim Optiker oder zu Hause besorgen könnt. ihr könnt auch die Leselupe eurer Großeltern nehmen. Ein Transparentschirm, den ihr leicht aus einem festen Karton und Transparentpapier basteln könnt: In den Boden des Kartons wird eine quadratische Öffnung (20 x 20 cm) geschnitten, die dann mit Transparentpapier beklebt wird.

Wie es geht: ⇥ Halte den Transparentschirm etwa 30 cm vor deine Augen. Nun hältst du eine deiner Linsen vor den Schirm. Bewege die Linse hin und her, vor und zurück, und versuche, auf dem Transparentschirm ein Bild zu erzeugen. Jetzt ist dein Partner oder deine Partnerin dran. Schreibt genau auf, was ihr beobachtet.
Führt den Versuch mit verschiedenen Linsen durch. Benutzt dazu auch die Linsen eurer KlassenkameradInnen.

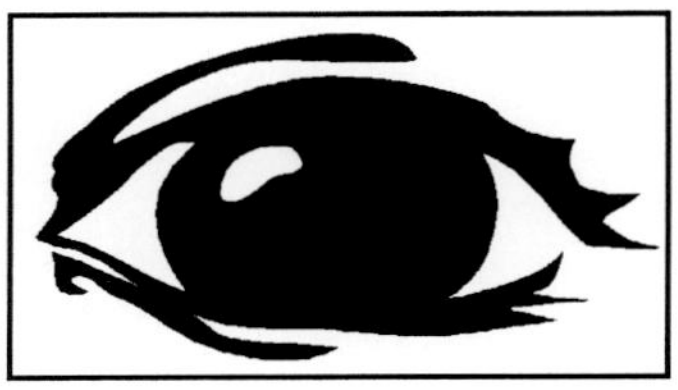

Mit dem Brennglas unterwegs

Was ihr braucht: ⇒ verschiedene Sammellinsen, Lineale, weißes Papier, verschiedenfarbige Filzstifte

Wie es geht: ⇒ Diesen Versuch könnt ihr nur bei Sonnenschein auf dem Schulhof durchführen.

Achtung: Brenngläser niemals auf Haut oder Augen richten – Verbrennungsgefahr!

1. Versucht mit Hilfe verschiedener Linsen Löcher in das Papier zu brennen. Messt jeweils die Entfernung Linse – Brennpunkt mit dem Lineal. Ist die Entfernung bei allen benutzten Linsen gleich?

2. Brennt mit euren Brenngläsern Löcher in trockenes Laub, Holz oder Erde.

3. Zeichnet auf ein weißes Blatt eine Zielscheibe und hängt sie an eine sonnenbeschienene Stelle. Brennt nun zielgerichtet Löcher in die Scheibe! Wer kann es am besten?

4. Macht einen Wettkampf mit Zeitmessung:
Wer brennt am schnellsten ein Loch ins Papier?

5. Malt auf ein weißes Blatt Papier mit Filzstiften verschiedene Farbpunkte. Brennt nun Löcher in die Farbpunkte!
Was könnt ihr beobachten?

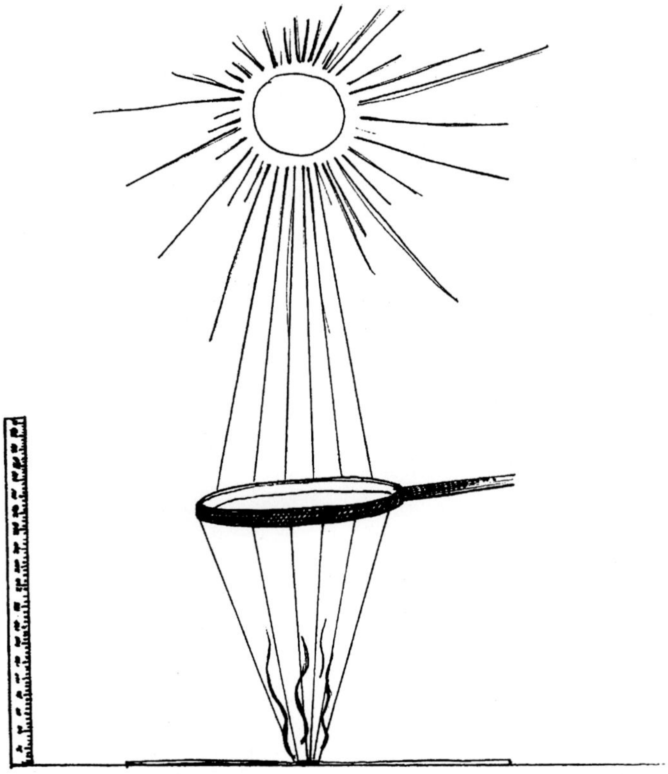

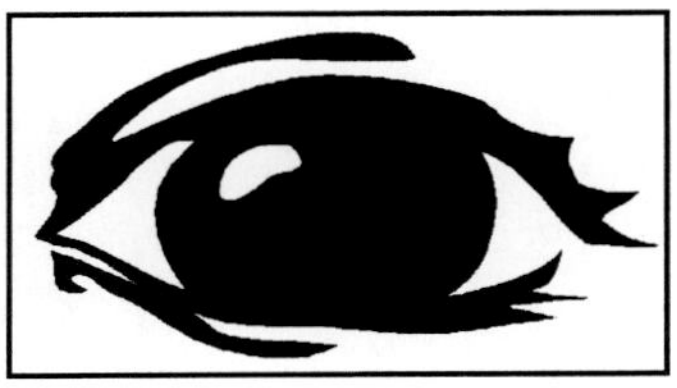

Partner versuch

Kerze und Linse

Was ihr braucht: ⇨ Teelichter oder Kerzen, standfeste Sammellinsen, selbst gebastelter Transparentschirm (siehe „Spiele mit Linsen"), Lineal bzw. Papiermetermaß aus dem Baumarkt

Wie es geht: ⇨ Legt das Metermaß auf den Tisch. Stellt die brennende Kerze, die Linse und den Schirm hintereinander neben das Maß.

1. Versucht ein scharfes Bild der Kerze auf dem Schirm zu erzeugen. Wie sieht das Bild aus?

2. Verändert die Abstände zwischen Kerze – Linse und Linse – Schirm. Wie verändert sich das Bild?

3. Wann erhaltet ihr ein kleines scharfes Bild der Kerze?
Wann erhaltet ihr ein großes scharfes Bild der Kerze?

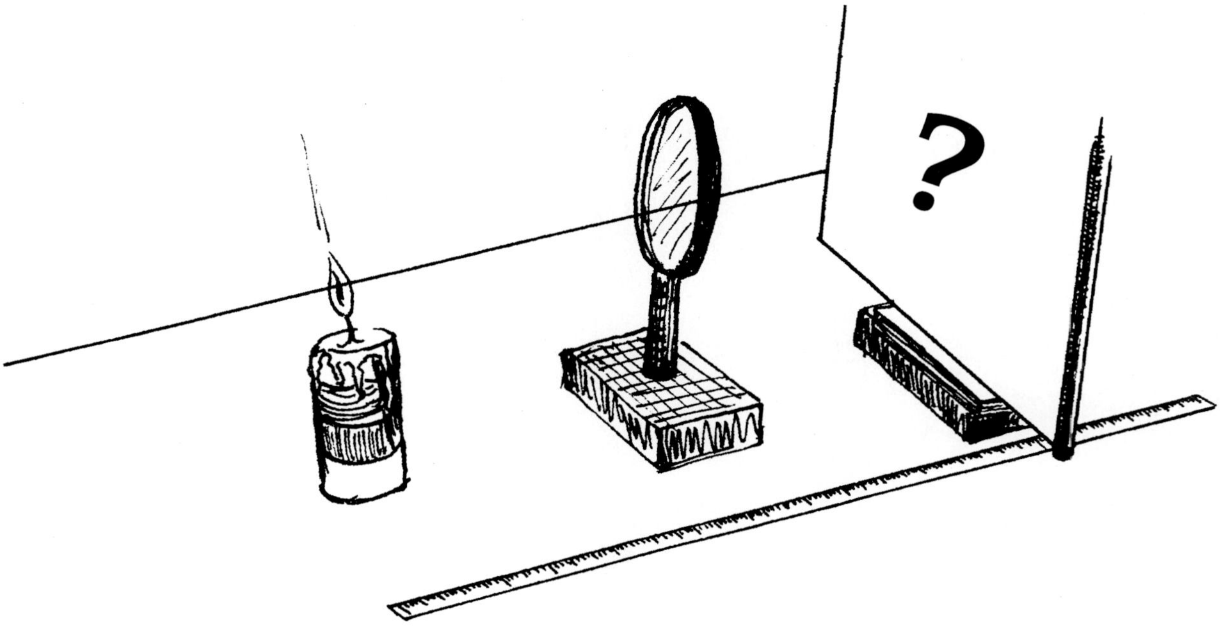

Wir bauen eine Lochkamera

Was ihr braucht:

⇥ dicken, schwarzen Fotokarton, schwarzes Tesaband, Transparentpapier (gute Qualität), Klebstoff (Holzleim), Schere, Geodreieck, Bleistift, eine fertige Lochkamera zur Ansicht

Wie es geht:

⇥ Um eine Lochkamera zu bauen, müsst ihr sehr genau konstruieren, zeichnen, schneiden und kleben. Hierzu solltet ihr erst einmal eine Planfigur im Maßstab 1:2 in euer Heft zeichnen. Achtet genau darauf, dass der zweite Kasten einen Millimeter kleiner sein muss; er muss genau in den anderen hineinpassen. Dann kann es losgehen. Übertragt nun eure Planfigur im Maßstab 2:1 auf den schwarzen Karton. Messt genau und haltet die rechten Winkel ein. Nachdem eure Lehrerin oder euer Lehrer die Maße und Winkel überprüft hat, kann es losgehen mit dem Schneiden und Kleben.

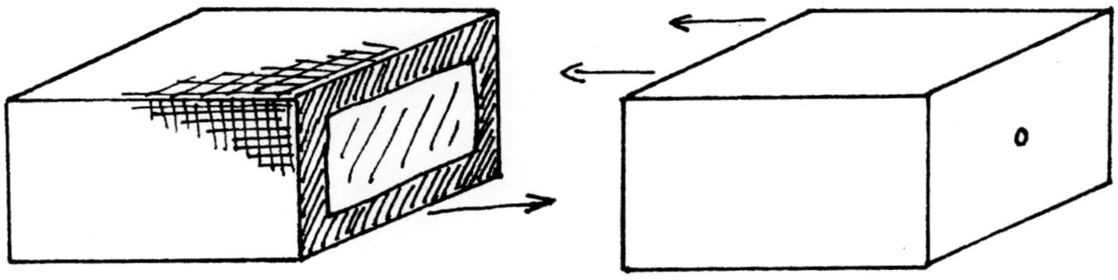

b

a

Maße:
9,9 x 9,9 x 15 cm
oder
7,9 x 13,9 x 15 cm

Maße:
10 x 10 x 15 cm
oder
8 x 14 x 15 cm

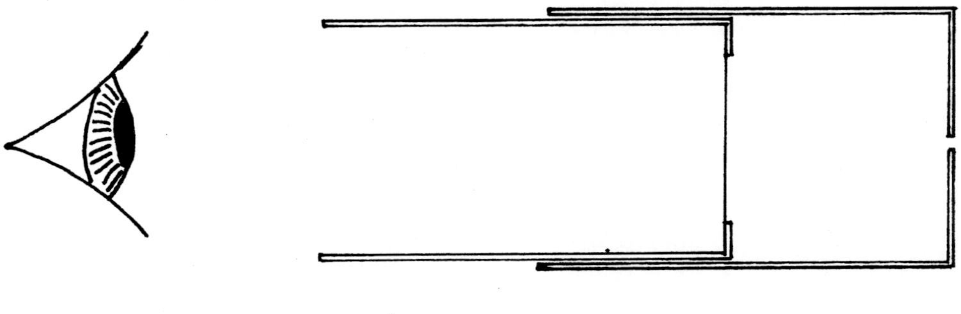

b a

Das Auge ist mehr als ein Sehapparat!

Was ihr braucht: ⇥ Eure Augen

Wie es geht: ⇥ Schaut eurem Partner oder eurer Partnerin tief in die Augen.

1. Was seht ihr?

2. Merkt euch genau Augenfarbe, Teile des Auges, Pupillenform, Augenbrauen, das „Weiße", Äderchen, Tränen …

3. Sind alle Augen gleich?

4. Wie ist das, wenn man jemandem in die Augen schaut?

Sprecht im anschließenden Stuhlkreis über eure Erfahrungen.

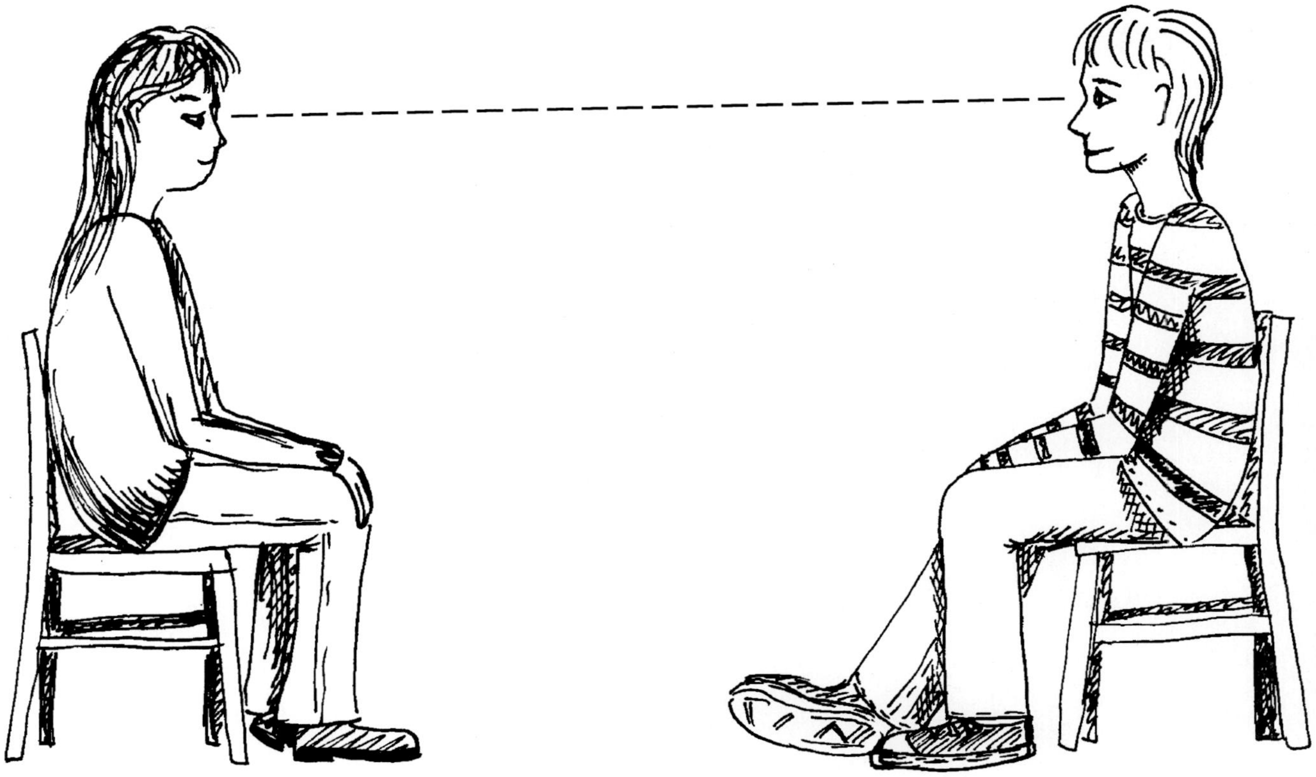

Präparation eines Rinderauges

Was ihr braucht: ⇒ frische Rinderaugen vom Schlachthof, Skalpelle, Scheren, Präparationsbecken

Wie es geht: ⇒ **1.** Betrachtet das Auge von außen. Kreuzt an, welche Teile des Auges ihr sicher erkennt.

- ❑ Hornhaut (mit Bindehaut)
- ❑ Regenbogenhaut (Iris)
- ❑ Drehmuskel außen
- ❑ Pupille
- ❑ Lederhaut
- ❑ Sehnerv

2. Welche Farbe hat die Regenbogenhaut?

3. Zeichne die Form der Pupille.

4. Zerlegt das Rinderauge in zwei Hälften. Schneidet es mit dem Skalpell (Vorsicht!) entlang der Linie auf, die in der Abbildung angegeben ist. Legt beide Augenhälften mit der Schnittfläche nach oben.

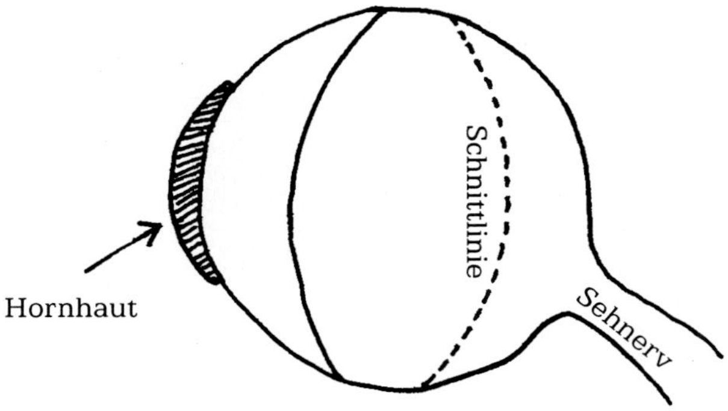

5. Untersucht zunächst den hinteren Teil des Auges. Versucht, die innere Hautschicht des Auges zu entfernen, damit ihr die Pigmentschicht sehen könnt.

– Wie heißt diese Haut?

– An welcher Stelle lässt sie sich nicht ablösen?

– Welche Farben zeigt die Pigmentschicht?

6. Untersucht nun den vorderen Teil des Auges. Trennt vorsichtig den Glaskörper von der Linse. Legt die Linse auf ein Stück bedrucktes Zeitungspapier und betrachtet die Buchstaben durch die Linse.

– Was stellt ihr fest?

7. Sucht die feinen, schwarz gefärbten Linsenbänder. Zeichnet auf, wie sie angeordnet sind.

Bilder auf der Netzhaut des Rinderauges

Was ihr braucht:

Rinderaugen, Skalpelle, Scheren, Präparierschalen, Blockschälchen

Wie es geht:

Vorbereitung des Auges:
Für dieses Experiment wird aus dem hinteren Teil des Rinderauges ein Teil der Lederhaut (neben dem Sehnerv) herauspräpariert. Anschließend werden, ohne dabei den Glaskörper zu zerstören, die Pigmentschicht sowie die Netzhaut vorsichtig entfernt. An die Stelle der Haut wird nun ein entsprechend großes Stückchen Transparentpapier plaziert.

Versuchsdurchführung:
Stellt nun das präparierte Auge so auf ein Blockschälchen, dass die Pupille wie in der Abbildung auf die brennende Kerzenflamme weist. Verschiebt das Auge bzw. die Kerze so lange, bis das Licht auf dem Transparentpapier (der „Netzhaut") abgebildet wird.
Beschreibt eure Beobachtungen.

Durch Verschieben des Auges (rechts – links/vorwärts – rückwärts) kann das Bild verändert werden!
Was beobachtet ihr nun?

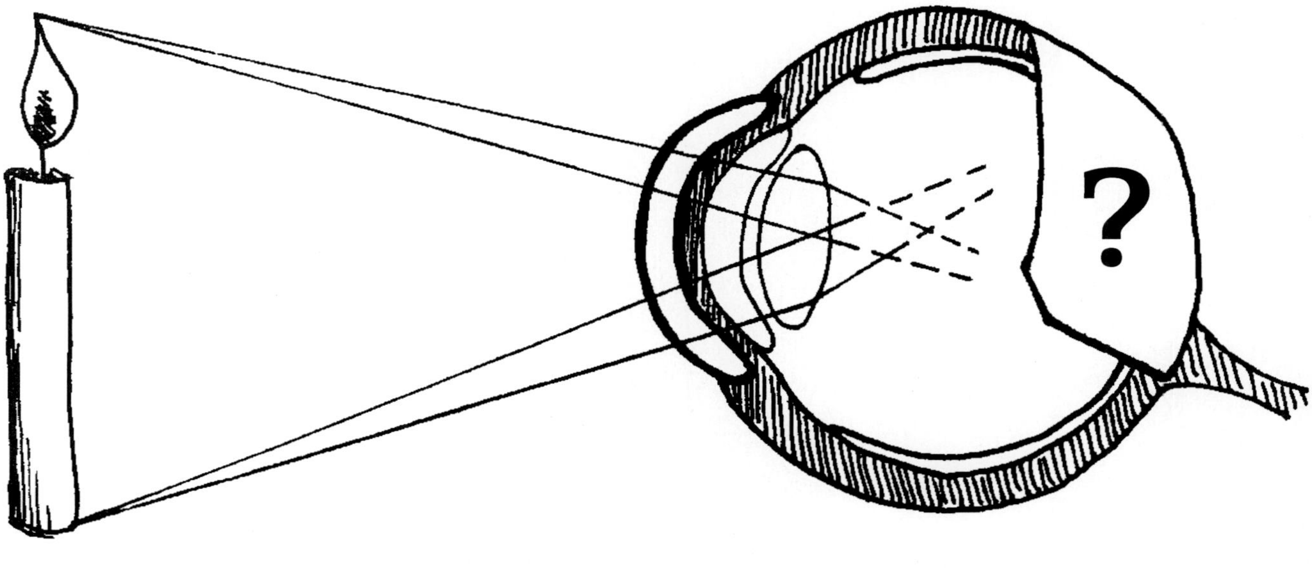

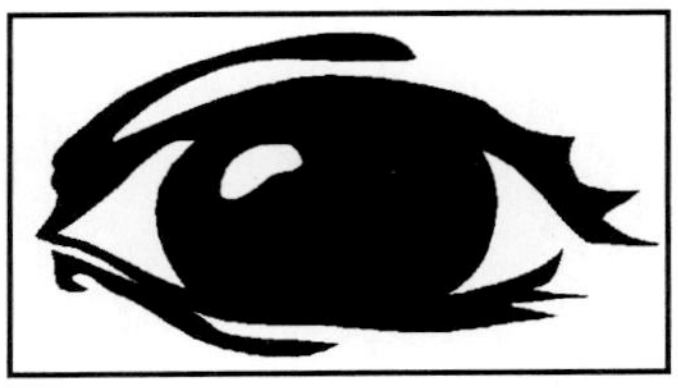

Warum hast du zwei Augen?

Was du brauchst: ⇒ Papier, Stift, dieses Blatt, deine Augen

Wie es geht: ⇒ Male einen kleinen Kreis auf ein Stück Papier. Schließe dann ein Auge. Jetzt versuche, schnell einen Punkt in die Mitte des Kreises zu setzen. Das ist nicht leicht, oder?

Mit beiden Augen dagegen ist es ganz leicht. Denn mit beiden Augen kannst du besser Entfernungen einschätzen. Da die Augen auseinander stehen, erhältst du von jedem Auge ein etwas anderes Bild. Dadurch wird das räumliche und plastische Sehen erst möglich.

Halte jetzt dieses Blatt so, wie es der Junge auf der Abbildung macht. Der dicke Strich muss genau vor deiner Nase sein.
Wie sieht der Strich jetzt aus?

Wenn du ein X siehst, dessen Kreuzungspunkt innerhalb des Punktes liegt, klappt dein räumliches Sehen prima. Spiele wie Federball oder Tischtennis sind wahrscheinlich ein Kinderspiel für dich. Du kannst Entfernungen richtig einschätzen.

Wenn du ein V siehst, dessen Spitze vor dem Punkt liegt, neigst du dazu zu glauben, der Gegenstand oder Ball wäre schon näher, als er es in Wirklichkeit ist. Du reagierst früher.

Wenn du ein V siehst, dessen Spitze hinter dem Punkt liegt, dann meinst du, dass der Gegenstand oder Ball noch weiter weg ist, als es in Wirklichkeit der Fall ist. Du reagierst später.

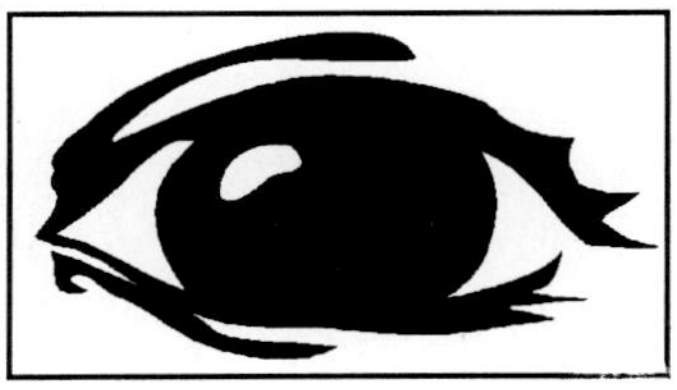

Erkennst du, wie spät es ist?

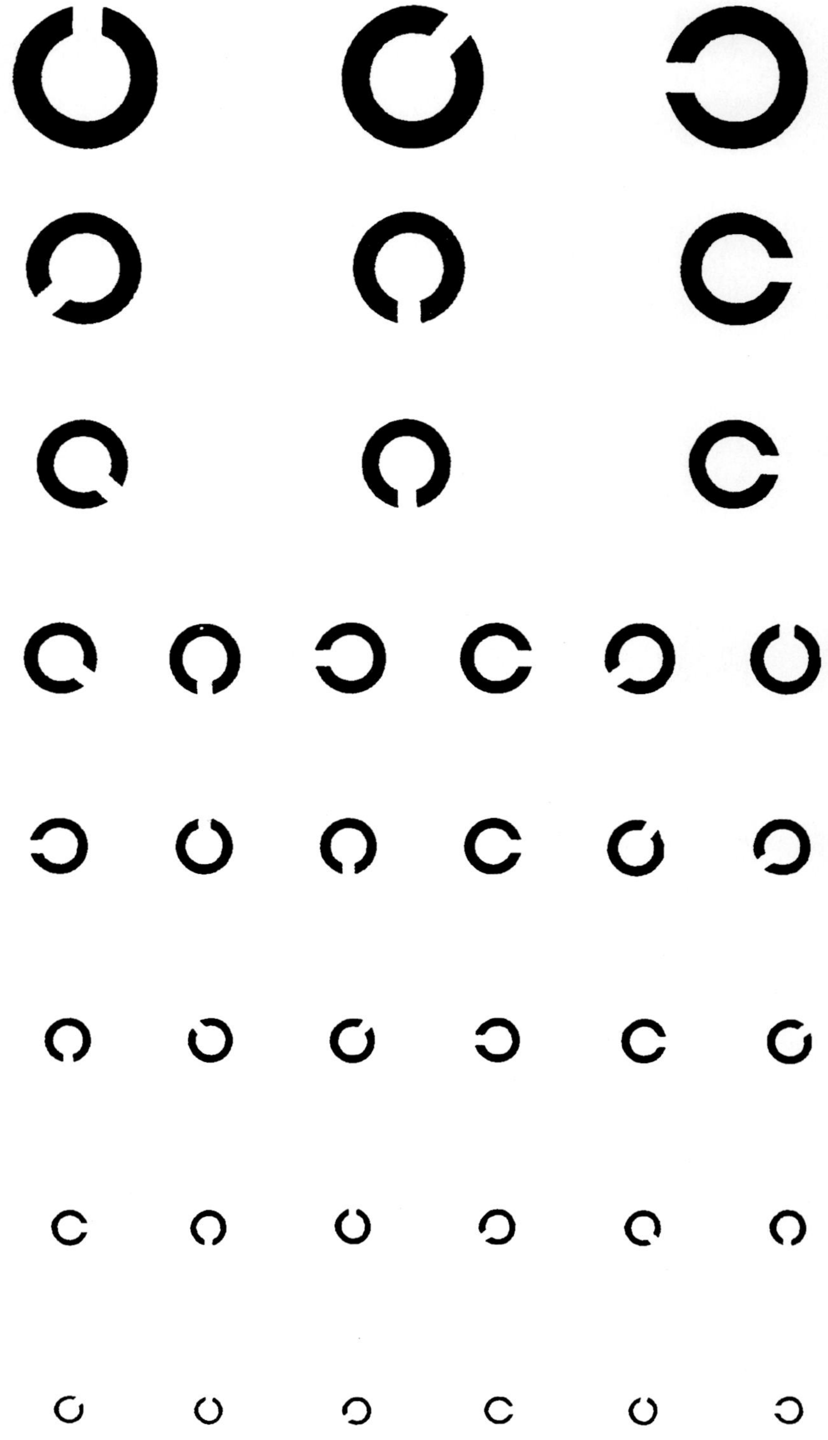

0,3	extrem schlecht
0,4	sehr schlecht
0,5	schlecht
0,6	unterdurchschnittlich
0,8	Grenze für sichere Orientierung im Straßenverkehr
1,0	normal
1,2	gut
1,5	sehr gut

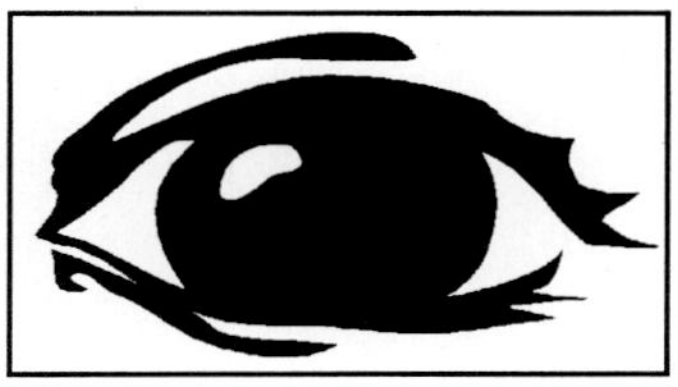

Sehen und optische Täuschung

⇒ Dein Auge funktioniert ähnlich wie eine Kamera. Das Bild, das die Kamera „sieht", wird auf dem Film abgebildet. Das Bild, das unser Auge wahrnimmt, befindet sich auf der Netzhaut. Dort erscheint es seitenverkehrt und auf dem Kopf stehend.

Auf der Netzhaut befinden sich Millionen licht- und farbempfindlicher Sinneszellen: die Zäpfchen für das Farbsehen und die Stäbchen für das Helligkeitssehen. Sie leiten die Informationen über die Sehnervenzellen zum Gehirn weiter, wo sie wie ein großes Puzzle zusammengesetzt werden.

Das Gehirn lernt, dass die Wirklichkeit nicht so ist, wie sie auf der Netzhaut erscheint. Es übersetzt das Bild der Netzhaut in ein aufrecht stehendes, seitenrichtiges Bild. Ebenso ist es das Resultat eines Lernprozesses zu deuten, welche Gegenstände näher und welche weiter entfernt sind.

Unser Großhirn orientiert sich an Größe, Form, Umriss, Farbe und Helligkeit eines Gegenstandes, damit wir Gesehenes richtig einordnen und verstehen können.

Täuschungen

Dein Auge und dein Gehirn arbeiten also zusammen. Manchmal lässt sich das Gehirn aber auch von den Bildern täuschen, die das Auge einfängt, und deutet sie falsch. So kippt z.B. bei Darstellungen ebener, geometrischer Figuren mit mehr als nur einer Orientierungshilfe das Bild plötzlich um. Andere Figuren erscheinen verzerrt, obwohl sie geometrisch einwandfrei sind.

Auch erscheinen z.B. die „magischen Bilder" nach einer Weile dreidimensional, weil das Gehirn nach erlernten Orientierungsstrukturen sucht, um die Informationen des Netzhautbildes zu ordnen und zu „erkennen".

Optische Täuschungen funktionieren unabhängig vom Wissen und vom Willen des Betrachters.

Aufgaben:

⇒ **1.** Welche Aufgaben und Funktionen übernimmt das Auge, welche das Gehirn? Trage die Ergebnisse in eine kleine Tabelle ein.

⇒ **2.** Betrachte die Abbildungen und schildere deine Eindrücke. Benutze eventuell ein Lineal, um deine Wahrnehmung zu überprüfen.

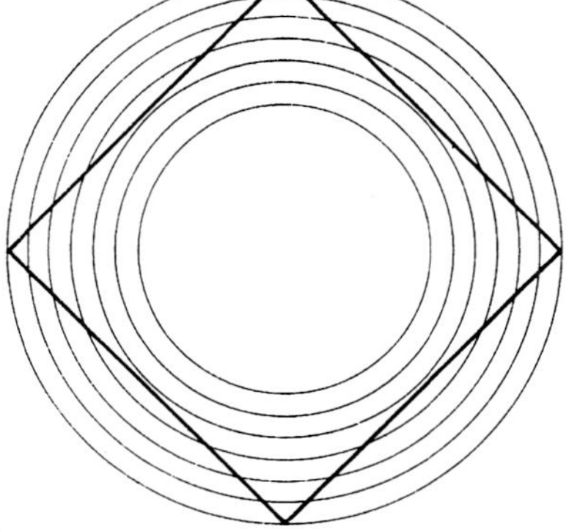

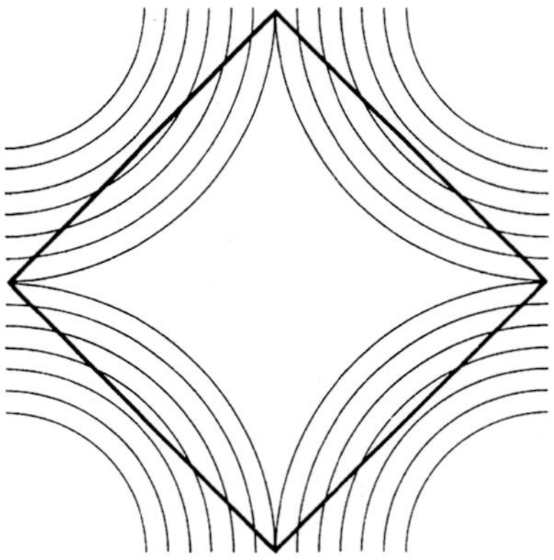

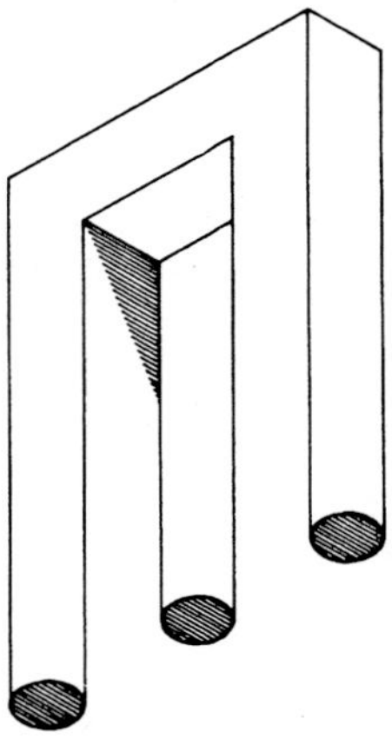

Tempel der Erkenntnis

Was ihr braucht: die Abbildung auf dieser Seite, ein Lineal, einen Zirkel, einen Farbmarker oder Buntstift

Wie es geht: Schau dir die Abbildung aufmerksam an und finde die Abbildungsteile heraus, bei denen unser Gehirn getäuscht wird. Markiere diese Stellen mit einem Farbmarker oder Buntstift!

Quelle: H. Schober/I. Rentschler, Das Bild als Schein der Wirklichkeit, München: Moos Verlag 1979.

Alt oder jung?

Aufgabe: ⇥ Schaut euch die Abbildung zu zweit aufmerksam an und findet heraus, ob eine junge oder eine alte Frau abgebildet ist!

Zeichnung des Psychologen E. Boring

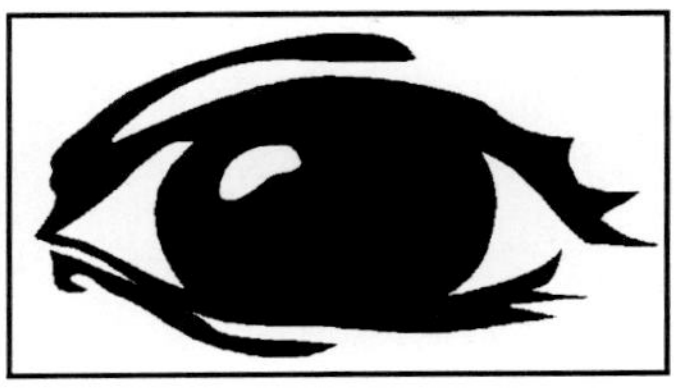

Zwirbelkärtchen (1)

Was ihr braucht: ⇨ Schnippelbogen (nächste Seite), Karton, Schere, Klebstoff, Bindfaden oder dünne Kordel

Wie es geht: ⇨ Schneidet die vier Abbildungen aus dem Schnippelbogen aus und klebt zuerst eine der Abbildungen auf den Karton auf. Schneidet den Karton passend zurecht. Nun klebt die zugehörige Abbildung auf die Rückseite des Kartonstücks, aber auf dem Kopf stehend. Stanzt an den markierten Stellen Löcher in die Karten und fädelt auf beiden Seiten eine ca. 20 cm lange Schnur hindurch. Die Schnurenden werden jetzt auf jeder Seite miteinander verknotet. Die Abbildung unten zeigt euch, wie ihr die Fäden bei dem Versuch halten sollt. Zwirbelt die Fäden nun stark auf und lasst die Kärtchen dann durch ein Nach-außen-Ziehen der Fäden sich schnell drehen.

Fragen: ⇨ Was könnt ihr beobachten?
Wie kommt es zu dieser Beobachtung? Versucht sie zu erklären.

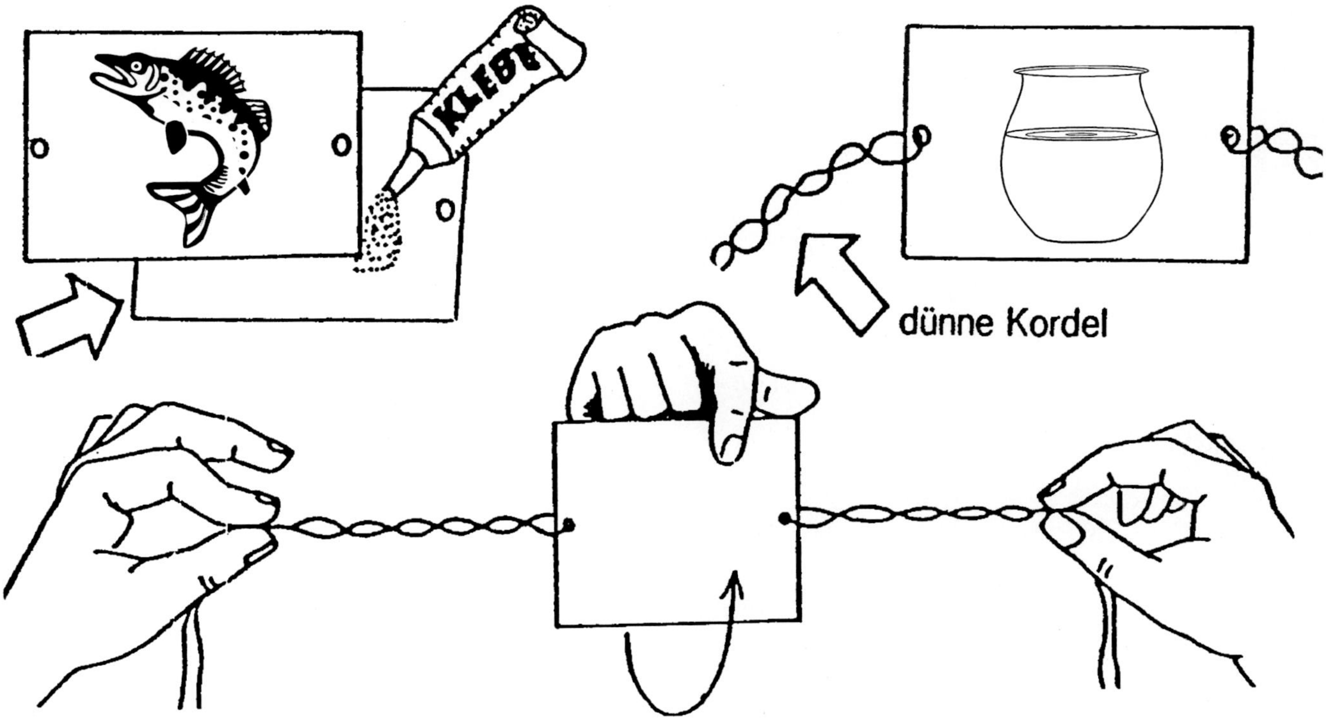

Zwirbelkärtchen (2)

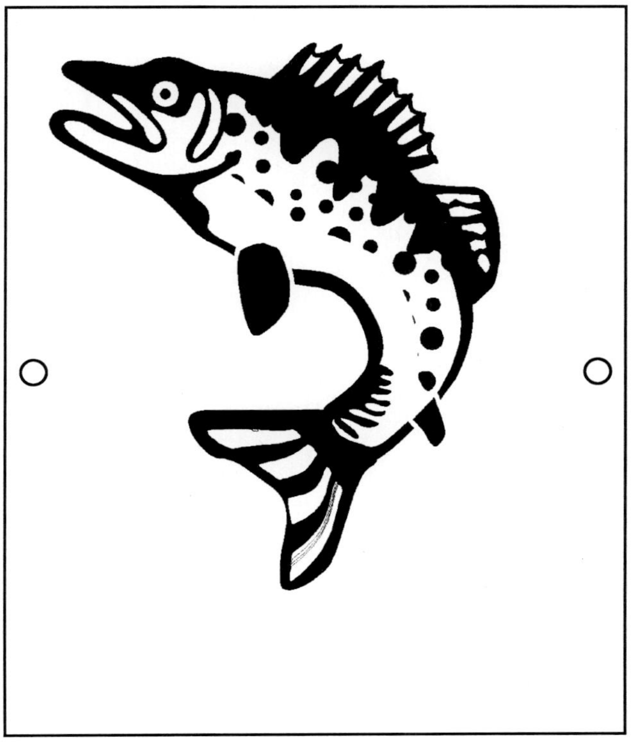

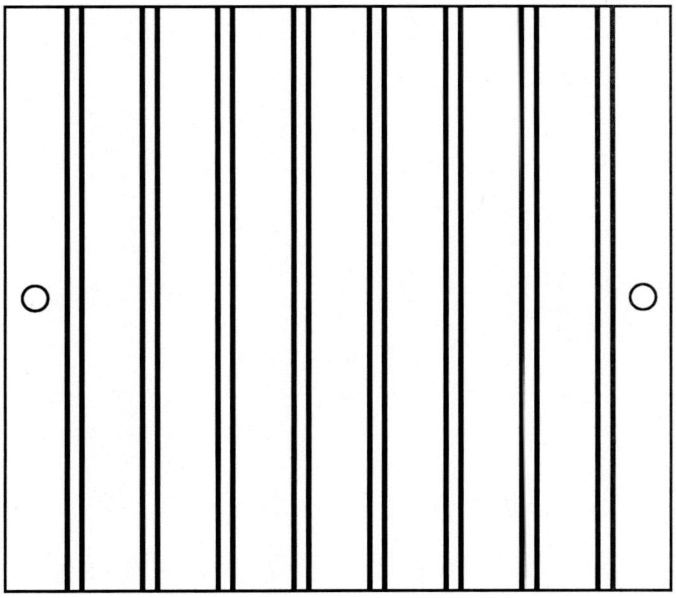

Keine lange Leitung

→ Fuß meldet Einstich an Zeh → Eilbote zum Gehirn → Gehirn wertet aus: Dorneneinstich → Gehirn an Fuß: schnell wegziehen

Dein Körper ist groß. Die verschiedenen Körperzonen wissen nicht, was in anderen Bereichen geschieht. Deshalb braucht unser Körper ein Zentrum, das alle Signale empfängt, die Sinneswahrnehmungen deuten kann und Reaktionen veranlasst.
So können deine Beine die Gefahr nicht erkennen, wenn ein Auto heranbraust. Jemand muss den Beinmuskeln den Befehl zum Weglaufen geben.
Das ist die Aufgabe unseres Nervensystems:

a) das Auto sehen (Auge → Gehirn)
b) die Gefahr erkennen (Gehirn)
c) den Muskeln den Befehl geben, sich zu bewegen (Gehirn → Bein)

Ähnlich wie eine Telefonleitung, die Nachrichten durch elektrische Impulse übermittelt, leiten die Nervenfasern Nachrichten durch elektro-chemische Impulse durch unseren Körper.
Es gibt unterschiedliche Nervenzellen für das Empfangen, das Verarbeiten und das Weiterleiten von Informationen. Die „Fühlzellen" oder sensorischen Zellen leiten ihre Informationen zum Zentralnervensystem. Die „Denkzellen" oder integrativen Nervenzellen werten die Informationen aus und stellen Beziehungen zu früher Erlerntem oder Erlebtem her. Die „Aktionszellen" oder motorischen Zellen setzen Muskelzellen in Aktion.

→ **Wie das Nervensystem arbeitet, kannst du in einem Spiel mit deinem Freund oder deiner Freundin nachempfinden:**
Rufe deine Freundin an und erzähle, wie es in dem Raum, in dem du dich befindest, aussieht. Du bist für sie in diesem Moment die „Fühlzelle" eines Auges, die dem Gehirn Informationen liefert. Deine Freundin ist hingegen wie eine „Denkzelle". Sie nimmt die Informationen auf und fügt sie zu einem Bild zusammen. Sie kann sich von dem Raum, in dem du dich befindest, ein Bild machen, ohne ihn zu betreten. Jetzt kann deine Freundin zu dir sagen, du sollst die Türe schließen. In diesem Moment hat sie wie eine „Denkzelle" die Entscheidung über die richtige Reaktion getroffen. Du bist jetzt die „Aktionszelle", die die Muskeln in Bewegung setzt.

Noch heute ist kein Computerspezialist in der Lage, einen Computer zu bauen, der derart komplexe Funktionen hat wie das menschliche Gehirn.

Aufgaben:

→ **1.** Welche wichtigen Aufgaben übernimmt das Nervensystem?

→ **2.** Man kann drei wichtige Zelltypen im Nervensystem unterscheiden. Nenne sie und beschreibe ihre Aufgaben in einer bestimmten gefährlichen Situation.

Torwart beim Elfmeter

Aufgabe: Bringe die Sätze in die richtige Reihenfolge, indem du Nummern von 1 bis 6 in die Kästchen schreibst. Vervollständige dann unten den Comic.

- ☐ Das Gehirn gibt über das Rückenmark den Muskelzellen an Armen und Beinen den Befehl, sich anzuspannen.
- ☐ Die Muskeln führen die Fangbewegung aus.
- ☐ Das Auge sieht den Ball auf dem Elfmeterpunkt und den anlaufenden Schützen.
- ☐ Das Auge sieht den ankommenden Ball.
- ☐ Das Auge meldet über den Sehnerv die Ballankunft dem Gehirn.
- ☐ Das Auge meldet über den Sehnerv ans Gehirn, dass der Schütze anläuft.

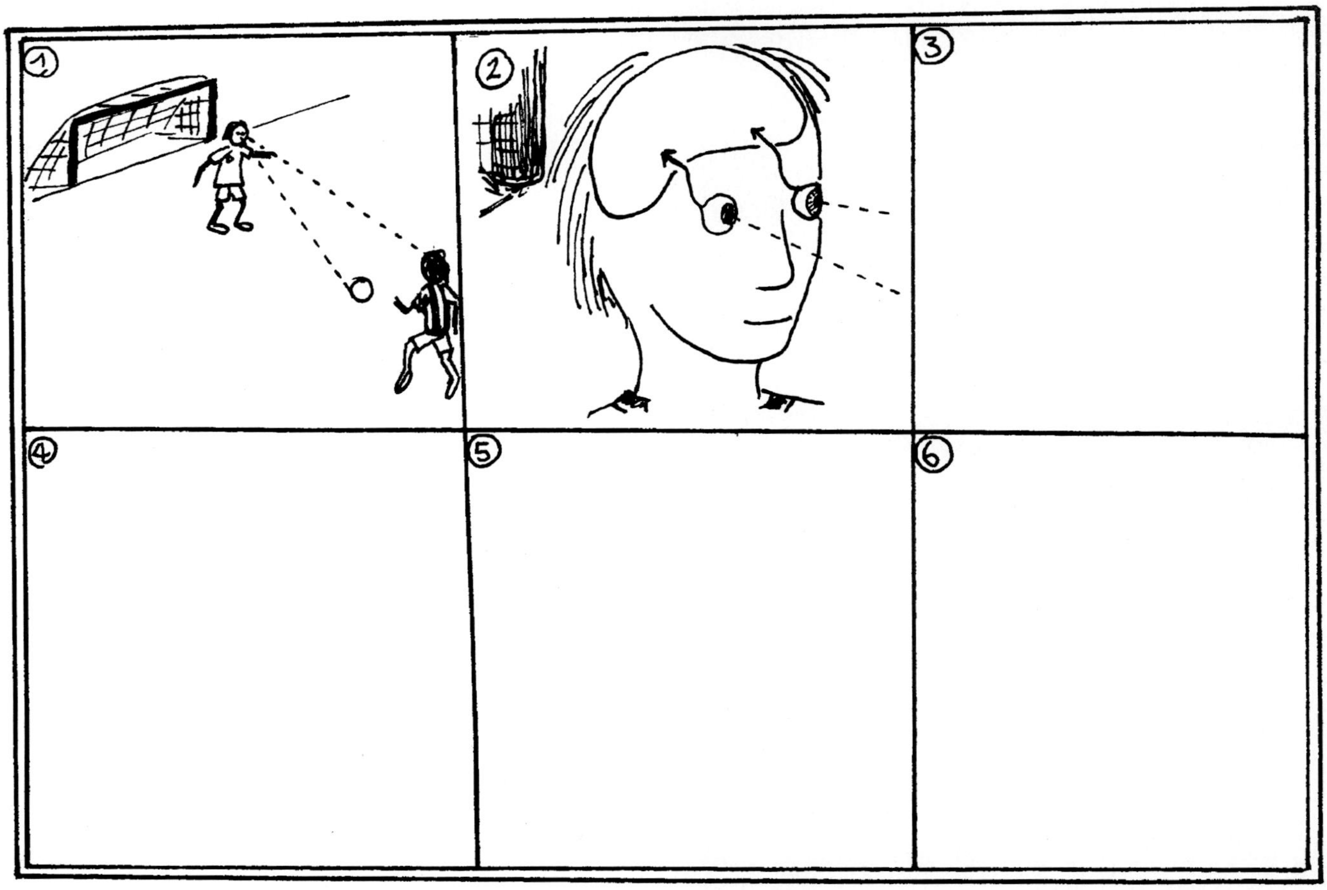

Wie fix bist du?

Was ihr braucht: ⇥ ein Lineal, mindestens 30 cm lang

Wie es geht: ⇥ Die Testperson legt ihren Unterarm so auf den Tisch, dass die Hand über die Tischkante ragt. Der Tester steht vor ihr und hält das Lineal senkrecht mit dem Nullpunkt in die geöffnete Handfläche (siehe Zeichnung).
Das Lineal wird ohne Vorankündigung losgelassen. Die Testperson fängt es. Anhand der Umrechnungszahlen könnt ihr die Reaktionszeit ablesen. Es reicht auch die Linealskala von 1–30 cm zum Vergleich heranzuziehen und diese Werte in die Tabelle einzutragen. Jeder und jede von euch führt 10 Versuche durch.

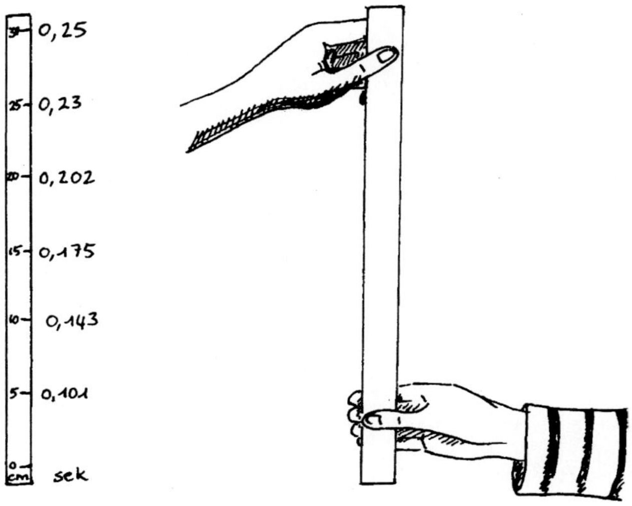

Name:		
Versuch	**geschnappt bei cm**	**geschnappt bei cm**
1		
2		
3		
4		
5		
6		
7		
8		
9		
10		

Sinne allgemein:

Ackermann, L./Müller, B./Urfer, R.: *Sinn–Salabim.* Tasten – Hören – Sehen: Erfahrungsspiele für Kinder, Mülheim 1993.

Beck, J./Wellershoff, H.: *Sinneswandel.* Die Sinne und die Dinge im Unterricht, Frankfurt a.M. 1989.

Becker, R./Deutsches Grünes Kreuz u.a. (Hrsg.): *Gesundheit in Wort und Bild* (Zeitschrift aus der Apotheke, monatlich), Baierbrunn bei München.

Braun, R. u.a.: *Wahrnehmen und Mitteilen*, Stuttgart 1985.

Flindt, R.: *Biologie in Zahlen*, Stuttgart 1985.

Hornfeld, H.G. (Hrsg.): *Sinnliche Wahrnehmung, Körperbewusstsein, Gesundheitsbildung*, Weinheim 1991.

Kremer, A./Städel, L.: *Sinnesorgane erschließen die Umwelt* (aus der Reihe „Umwelt erkunden – Umwelt verstehen"), Soest 1992.

Kükelhaus, H./zur Lippe, R.: *Entfaltung der Sinne*, Frankfurt 1990.

Kükelhaus, H.: *Hören und Sehen in Tätigkeit*, Zug 1978.

zur Lippe, R.: *Sinnesbewusstsein*, Reinbek 1987.

Maelicke, A. (Hrsg.): *Vom Reiz der Sinne*, Weinheim 1990.

Marwedel, Ch.: *Tätige Sinne* (aus der Reihe „Umwelt erkunden – Umwelt verstehen"), Soest 1994.

van der Meer, R. und A.: *Trickkiste.* Experimente, wie sie nicht im Physikbuch stehen, München 1983.

van der Meer, R. und A.: *Zunge meldet: Sahne-Eis!*, Reinbek 1989.

Minssen, D.: *Der sinnliche Stoff*, Stuttgart 1986.

Oberndorfer, G.: *Das springende Ei und andere Experimente für die fünf Sinne*, Bern 1991.

Robson, P./Seller, M.: *Das Superbuch der Experimente*, Würzburg 1994.

Selle, G.: *Gebrauch der Sinne*, Reinbek 1988.

Wort & Bild Verlag/Internationales Grünes Kreuz (Hrsg.): *medizini*, Die pfiffige Zeitschrift aus deiner Apotheke (monatlich), Baierbrunn bei München.

Tasten und Fühlen:

Falkenberg, G.: *Gefühl bis in die Fingerspitzen*, Offenbach a.M. 1990.

Kükelhaus, H.: *Fassen Fühlen Bilden*, Köln 1978.

Schall und Hören:

Heinz, H. J.: Unterrichtsprojekt Lärmmessung. Wenn Bürger nicht mehr schlafen können, in: *betrifft erziehung* 10/1985.

Licht und Sehen:

Baccei, T.: *Das Magische Auge (I und II)*, München 1994.

Ditzinger, Th./Kuhn, A.: *Phantastische Bilder*, München 1994.

Escher, M.C.: *Graphik und Zeichnungen*, München 1975.

Hasenbeck, M.: *In die Augen, in den Sinn*, Offenbach a.M. 1991.

Hermann, G. u.a.: *Das Auge schläft bis es der Geist mit einer Frage weckt*, Berlin 1985.

Schober, H./Rentschler, I.: *Das Bild als Schein der Wirklichkeit*, München 1979.

Tiere:

Attenborough, D.: *Spiele des Lebens.* Verhaltensweisen und Überlebenskampf der Tiere, Niedernhausen 1991.

Baumann, P./Kaiser, D.: *Die Sprache der Tiere*, Stuttgart 1992.

Downer, J.: *Die Supersinne der Tiere*, Hamburg 1990.

Die Videos auf dieser Seite sind über die Landesbildstellen ausleihbar. Vorsicht: Die Bestellnummern sind nicht in allen Bundesländern gleich. Immer Titel und Untertitel angeben!

aus der Reihe „Die Supersinne der Tiere", Dauer: 33 Min. Zielgruppe: Sek I

- *Der 6. Sinn* (Bestellnummer 4244697)
- *Das Sehen* (4244698)
- *Das Hören* (4244699)
- *Das Riechen* (4244773)
- *Die innere Uhr* (4244774)
- *Das Zusammenspiel der Sinne* (4244775)
- *Die Jagd nach faszinierenden Bildern* (4244776)

aus der Reihe „Vom Reiz der Sinne", Dauer: 14–23 Min. Zielgruppe: Sek II

- *Sinnesorgane und Gehirn* (Bestellnummer 4201182)
- *Hören und Tasten* (4201183)
- *Sehen* (4201184)
- *Auge und Gehirn* (4201185)
- *Netzwerk Gehirn* (4201186)
- *Riechen und Schmecken* (4201187)

aus der Reihe „Es war einmal ... das Leben", Dauer: 26 Mi. Zielgruppe: ab 5 Jahren

- *Das Gehirn* (Bestellnummer 4244755)
- *Nervenzellen* (4244756)
- *Das Auge* (4244757)
- *Das Ohr* (4244758)
- *Die Haut* (4244759)

Pusteblume: Peter schaut genau (29 Min., Sek I, Best.Nr. 4201165)

Der Regenwurm (14 Min., Sek I, Best.Nr. 4200265)

Geniale Einfälle der Natur: Der unsichtbare Erfinder
(Thema: Sinne bei Tieren, 30 Min., Sek I, Best.Nr. 4244483)

Geheimnis der Natur: Zufall oder Plan
(Thema: Supersinne bei Tieren, 30 Min., ab 5, Best.Nr. 4244479)

Tricky Töne und Knister
(Thema: Aufnehmen von Tönen mit dem Kassettenrekorder, 30 Min., ab 5, Best.Nr. 4244324)

Verlag an der Ruhr

Jetzt versteh' ich das!

Fit mit Köpfchen
Das Trainingsprogramm für Sport und Biologie
Alan Walmsley
Kl. 10–13, 84 S., A4, Papph.
ISBN 3-86072-734-6
Best.-Nr. 2734
18,60 € (D)/19,15 € (A)/32,60 CHF

Step-Aerobic
als Fitness-Training für Schulklassen und Gruppen
Michael Mertens
16–25 J., 115 S., A4, Pb.
ISBN 3-86072-630-7
Best.-Nr. 2630
16,- € (D)/16,45 € (A)/28,- CHF

„In Auschwitz wurde niemand vergast."
60 rechtsradikale Lügen und wie man sie widerlegt
Markus Tiedemann
Ab 13 J., 184 S., 16 x 23 cm, Pb.
ISBN 3-86072-275-1
Best.-Nr. 2275
12,80 € (D)/13,15 € (A)/22,40 CHF

„Ausländer nehmen uns die Arbeitsplätze weg"
Rechtsradikale Propaganda und wie man sie widerlegt
Jonas Lanig, Wilfried Stascheit (Hg.)
Ab 13 J., 250 S., 16 x 23 cm, Pb.
ISBN 3-86072-394-4
Best.-Nr. 2394
13,80 € (D)/14,20 € (A)/24,20 CHF

Malen wie die Moderne
Kinder entdecken moderne Künstler durch ihre Techniken
MaryAnn F. Kohl
8–12 J., 162 S., A4-quer, Pb.
ISBN 3-86072-799-0
Best.-Nr. 2799
20,50 € (D)/21,10 € (A)/35,90 CHF

So erkläre ich Geografie
Modelle und Versuche einfach anschaulich
Hans Schmidt
Kl. 5–9, 148 S., A4 quer, Pb.
ISBN 3-86072-770-2
Best.-Nr. 2770
19,60 € (D)/20,15 € (A)/34,30 CHF

Wut-Workout
Produktiver Umgang mit Wut
Jan Stewart
10–17 J., 108 S., A4, Pb.
ISBN 3-86072-751-6
Best.-Nr. 2751
15,50 € (D)/15,95 € (A)/27,20 CHF

Konflikttraining mit Eltern
Das Kooperationsprogramm für Schule und Elternhaus
Barbara Duell, Inge Mandac
Alle Altersstufen, 250 S., A4, Pb. + CD-ROM
ISBN 3-86072-822-9
Best.-Nr. 2822
24,50 € (D)/25,20 € (A)/42,90 CHF

Wandbilder mit der ganzen Klasse
Kunstprojekte für große Gruppen
Gerlinde Blahak
Kl. 5–13, 58 S., A4, Papph.
ISBN 3-86072-829-6
Best.-Nr. 2829
18,60 € (D)/19,15 € (A)/32,60 CHF

Grammatik-Training Wortarten: Verben, Nomen, Adjektive
Förder- und Übungsmaterialien mit Lösungen
Felix Lauffer

Grammatik-Training Wortarten: Verben
Kl. 5–7, 73 S., A4, Papph.
ISBN 3-86072-832-6
Best.-Nr. 2832
14,50 € (D)/14,90 € (A)

Grammatik-Training Wortarten: Nomen
Kl. 5–7, 73 S., A4, Papph.
ISBN 3-86072-834-2
Best.-Nr. 2834
14,50 € (D)/14,90 € (A)

Grammatik-Training Wortarten: Adjektive
Kl. 5–7, 73 S., A4, Papph.
ISBN 3-86072-833-4
Best.-Nr. 2833
14,50 € (D)/14,90 € (A)

(Vertrieb in der Schweiz: ZKM, Illnau)

Verlag an der Ruhr • Postfach 10 22 51 • D-45422 Mülheim an der Ruhr
Tel.: 0208/495040 • Fax: 0208/4950495 • E-Mail: info@verlagruhr.de • www.verlagruhr.de

www.verlagruhr.de

Mathe-Merk-Mappe Klasse 7

Mathe zum Nachschlagen, Üben und Wiederholen
Birgit Brandenburg
Kl. 7, 100 S., A4, Pb.
ISBN 3-86072-816-4
Best.-Nr. 2816
17,– € (D)/17,50 € (A)/29,80 CHF

Arithmetricks

Übungsblätter zum Kopfrechnen
Edward H. Julius
Kl. 5–8, 73 S., A4, Papph.
ISBN 3-86072-776-1
Best.-Nr. 2776
18,60 € (D)/19,15 € (A)/32,60 CHF

Literatur-Kartei:

„Insel der blauen Delphine"

Burkhard Seidler, Dietmar Wagner
Kl. 5–7, 66 S., A4, Papph.
ISBN 3-86072-798-2
Best.-Nr. 2798
17,90 € (D)/18,40 € (A)/31,40 CHF

Literatur-Kartei:

„Das Austauschkind"

Nicola König
Kl. 5–7, 67 S., A4, Papph.
ISBN 3-86072-769-9
Best.-Nr. 2769
18,60 € (D)/19,15 € (A)/32,60 CHF

Die 10 Gebote heute

Infos, Materialien, Provokationen
Christoph Menn-Hilger
13–25 J., 82 S., A4, Papph.
ISBN 3-86072-774-5
Best.-Nr. 2774
17,– € (D)/17,50 € (A)/29,80 CHF

Vom Lügen, Betrügen und der Moral

Materialien und Projekte
Leo Kauter
13–25 J., 120 S., A4, Pb.
ISBN 3-86072-773-7
Best.-Nr. 2773
18,60 € (D)/19,15 € (A)/32,60 CHF

ADS – Und wenn es das gar nicht gibt?

Handlungsalternativen und Strategien für den Alltag
Nicola Raschendorfer
Für alle Altersstufen, 120 S., A5, Pb.
ISBN 3-86072-821-0
Best.-Nr. 2821
9,80 € (D)/10,10 € (A)/17,30 CHF

Interesse wach halten

So geht das!
Tipps und Tricks für gute Stunden
Rob Abernathy, Mark Reardon
Für alle Schulstufen, 116 S., A5, Pb.
ISBN 3-86072-778-8
Best.-Nr. 2778
9,80 € (D)/10,10 € (A)/17,30 CHF

Kids' Corner

66 Six-Minute-ABC-Activities

Arbeitsblätter und Aktivitäten für den Englischunterricht
Christine Fink
Kl. 3–6, 92 S., A4, Pb.
ISBN 3-86072-826-1
Best.-Nr. 2826
15,– € (D)/15,45 € (A)/26,30 CHF

Kids' Corner

This Is My Town

Eine Englisch-Werkstatt
Susanne Bär
Kl. 3–6, 65 S., A4, Papph.
ISBN 3-86072-825-3
Best.-Nr. 2825
17,50 € (D)/18,– € (A)/30,70 CHF

Uninteressierte Schüler motivieren

Wie geht das?
Allen N. Mendler
Für alle Schulstufen, 113 S., A5, Pb.
ISBN 3-86072-777-X
Best.-Nr. 2777
8,60 € (D)/8,85 € (A)/15,30 CHF

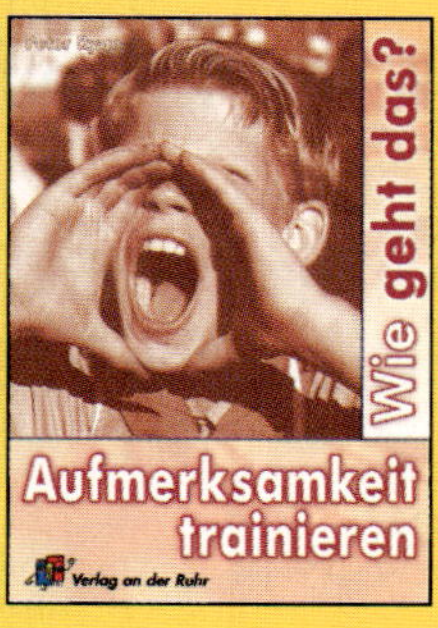

Aufmerksamkeit trainieren

Wie geht das?
Peter Ryan
Kl. 5–10, 117 S., A5, Pb.
ISBN 3-86072-750-8
Best.-Nr. 2750
12,80 € (D)/13,15 € (A)/22,40 CHF

Verlag an der Ruhr • Postfach 10 22 51 • D-45422 Mülheim an der Ruhr
Tel.: 0208/495040 • Fax: 0208/4950495 • E-Mail: info@verlagruhr.de • www.verlagruhr.de